カラー版

10分で読める

わくわく科学

小学5・6年

荒俣 宏 監修

理科がだいすきになる

53のふしぎ

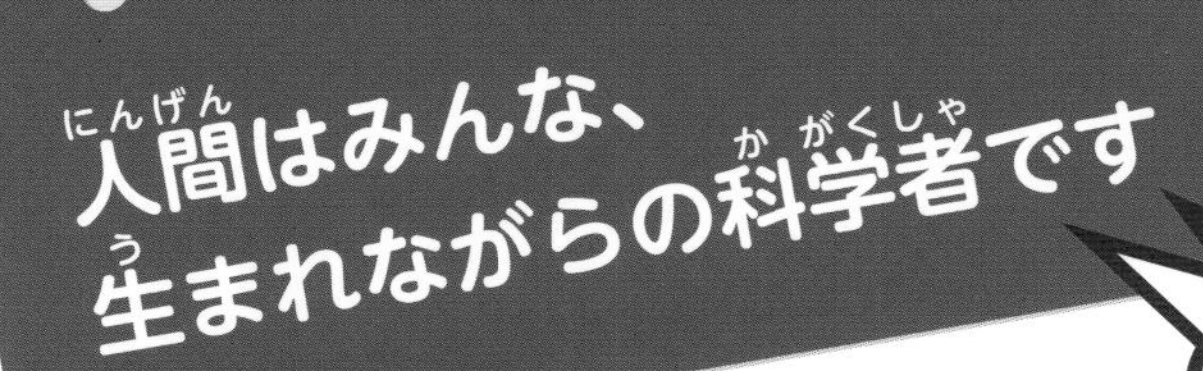

人間はみんな、生まれながらの科学者です

荒俣宏先生から

きみたちのなかには、算数や理科がきらい、計算は苦手、という人がいますよね。だから、子どもはみんな科学者だといわれても、ピンとこないかもしれません。しかしきみたちは毎日、おもしろいことやおどろくこと、またふしぎなことに出会って、これはどういうことなのか知りたい、と思うことはありませんか？　その知りたいと感じる心、答えを探そうとする気持ちこそが、じつは科学のはじまりなのです。

ぼくも、好奇心の強い子どもでしたし、大人になってもその心をもち続けています。ある年、わが家に電子レンジがやってきたとき、火を使わないのに食品が温まることがふしぎでならず、どうしてもし

くみを知りたくなりました。そこでぼくは、図書館に行って、たくさんの本を調べました。そしてついに「そうだったのか！」と、わかったときの感激は、今も忘れられません。自然、電気、宇宙、そして読書まで、みんな大好きです。

きみたちは、勉強とはよい点数を取ることだと思っていませんか？でも、この世界で出会う人やものに、点数なんてつけられません。どれにも、だれにも、独自のすばらしさがあるから、学びたくなるのです。

科学する心をもつと、人生が楽しくなります。この本は、そんな科学のおもしろさをきみたちに知ってもらうために、つくられました。

もちろん、電子レンジの秘密だってわかりますよ！

もくじ

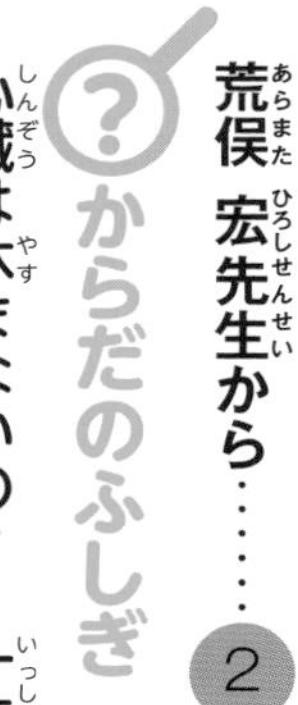

からだのふしぎ

動物のふしぎ

もくじ

植物・こん虫のふしぎ

地球・宇宙のふしぎ

もくじ

身近なふしぎ

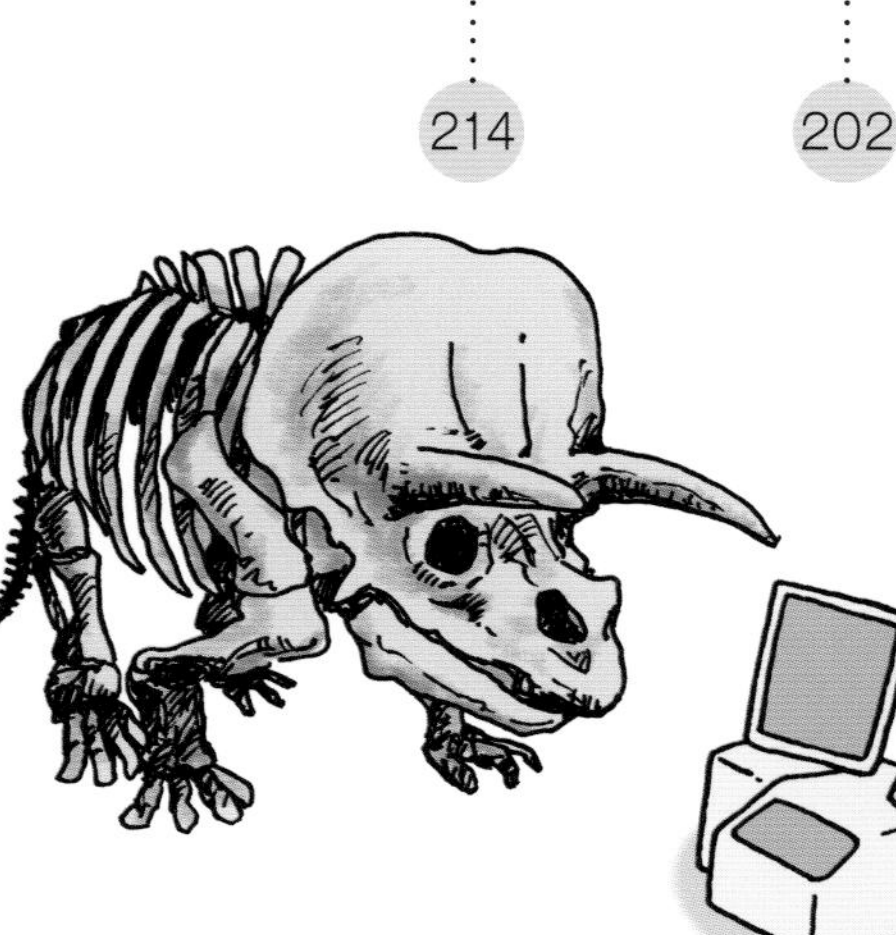

からだの
ふしぎ

イラスト／内山洋見

心臓は休まないの？一生で何回動くの？

胸に手を当ててみましょう。からだの中で、ドクンドクン……と、一定のリズムで動くものがありますね。心臓です。心臓は血液を全身に送り出すポンプです。からだのどの部分も、血液が届かないと動けなくなります。だから、ぐっすりねむっているときも、心臓は休むことなく血液を送り出しているのです。

心臓が動くことを、「脈を打つ」といいます。小学生では、だいたい一分間に八十～九十回、脈を打ちます。大人になると、六十～七十回になります。大人の心臓は、一日二十四時間で、およそ十万回も脈を打っていることになります。

ところで、心臓はぜんぜん休まないで動き続けて、つかれないのでしょうか？心臓がつかれて「ちょっと休もう」なんてなったら、一大事です。ですから心臓は、つかれにくい筋肉でできています。からだのほかの部分の筋肉とちがう、特別に丈夫な筋肉なのです。

また心臓は、心臓の中にある特有のしくみ（電気信号を発生させる細胞）によって、自分自身でリズムをつくって筋肉を動かし、脈を打っています。心臓は上に二つ、下に二つ、全部で四つの部屋に分かれています。上の部屋の一か所に、電気信号をつくるところがあります。この信号が、決められたルートで四つの部屋に伝わっていくと、心臓全体が正しいリズムで動くことができるのです。ちょっとこわい話ですが、からだから心臓だけを取り出しても、しばらくは止まらないで規則正しく動き続けるのですよ。

お医者さんがもっているちょうしん器を胸に当てると「ドクンドクン」という音がはっきり聞こえてきます。聞いたことがある人もいるのではないでしょうか。これ、何の音だと思いますか？　心臓は、上の部屋と下の部屋の境、下の部屋と太い血管の境に、それぞれ弁がついています。送り出した血液がもどってこないように、血液が出

心臓は上２つ、下２つの部屋に分かれていて、太い血管がつながっている

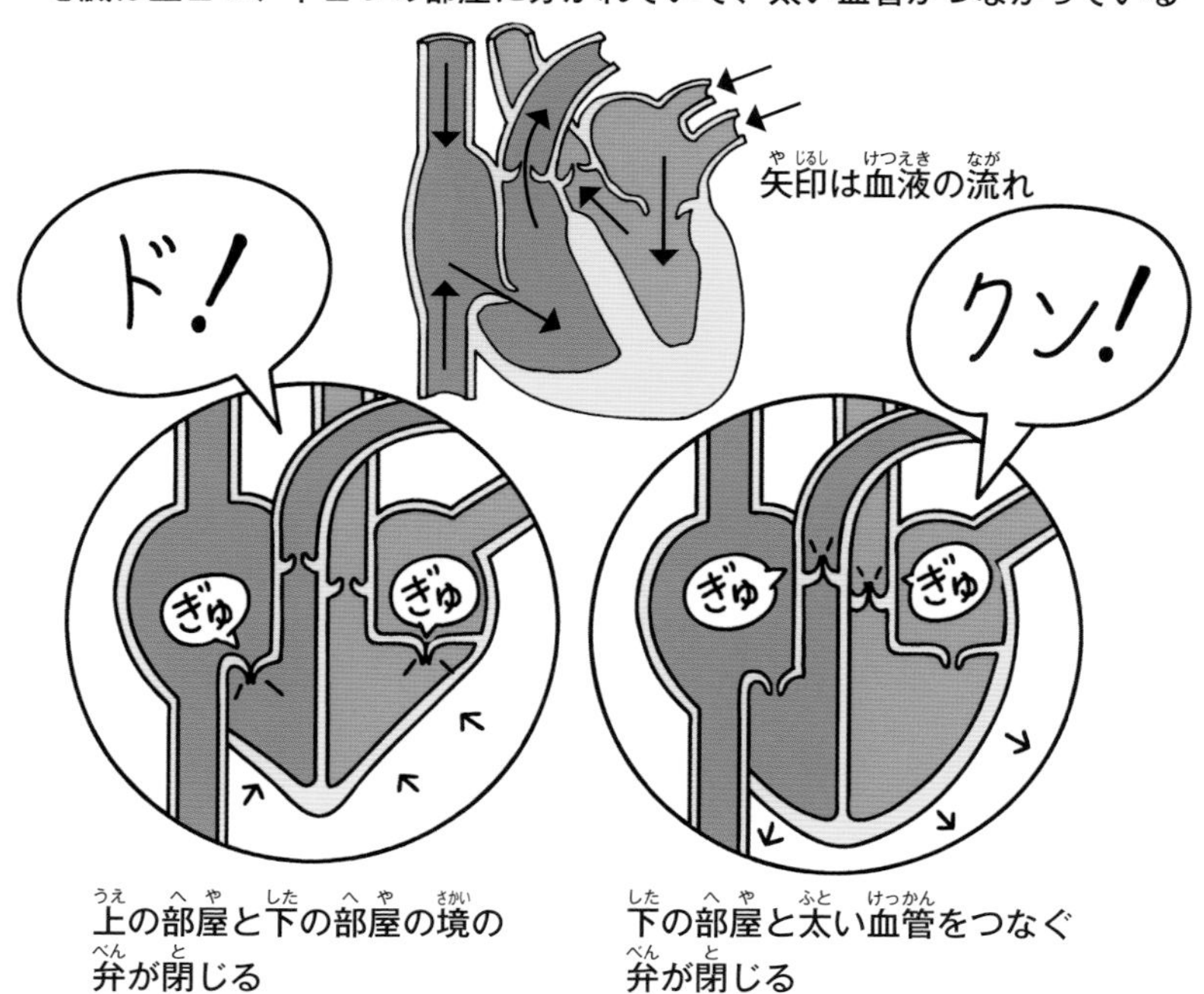

上の部屋と下の部屋の境の弁が閉じる

下の部屋と太い血管をつなぐ弁が閉じる

ていくと、すぐに弁がぴったりと閉じます。この閉じる音が聞こえているのです。

「ドクン」のうち、「ド」は上の部屋と下の部屋のあいだにある弁が閉じる音、「クン」は下の部屋から血管につながる弁が閉じる音です。

心臓は、生まれる前、お母さんのおなかの中にいるときから動き出しています。もし八十歳まで生きたら、およそ三十億回、ドクンドクンすることになります。気が遠くなる数字ですね。

今、この本を読んでいるときにも、心臓はドクンドクンと動いていますよ。おじいさんやおばあさんになるまで、がんばってもらいましょうね。

車に乗っていると、気持ちが悪くなるのはなぜ？

車に乗っていて、気持ちが悪くなったことはありませんか？　どうして、車よいをするのでしょうか。

私たちの脳は、「今、からだは、どういう姿勢をしているか」を、つねにチェックしています。これは、耳の穴のおくの内耳という部屋にある、三半規管と平衡斑が行っています。三半規管はからだの回転を、平衡斑はからだのかたむきをチェックします。

車に乗っていると、カーブを曲がるときやスピードが変わるときに、からだに

力がかかり、ゆれたり、かたむいたりしますね。三半規管と平衡斑は、この情報を脳に伝え続けます。

おまけに脳には、目からの情報も入ってきます。車の外では、景色が流れていきます。車のスピードが速くなったり、おそくなったりするのを感じるし、そのたびに筋肉や関節がきんちょう張します。はねたり、かたむいたり、からだが急に動きます。「あれ、同じ

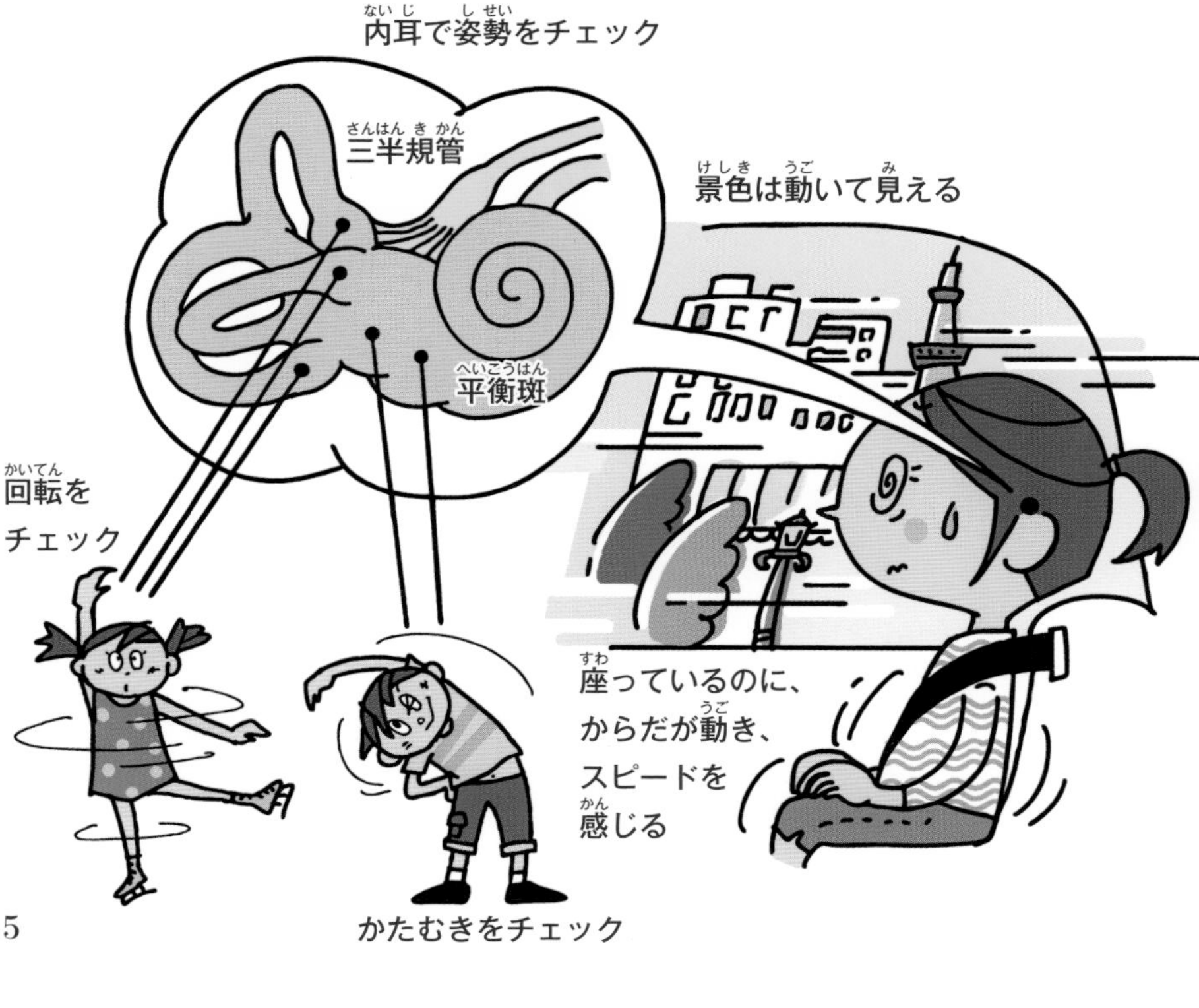

ところに座っているはずなのに、からだが動いた、移動しているのかな、いやいや、座ったままのはずだ……」。さすがに、脳は混乱します。その混乱が、内臓やさまざまな組織をコントロールする神経に伝わって、汗が出たり、ふらふらしたり、はき気がしたりするのです。

でも、車を降りてしばらくすれば、すっきりと治ります。よいやすい人は、座る場所を選んでみましょう。運転をする人の後ろに座り、自分が運転しているつもりになって、進行方向を見ていましょう。車のスピードが変わったり、カーブで曲がったりするタイミングが予想できるので、目で見た情報と、からだの動きが一致して、脳があまり混乱せず、よいにくくなるといわれています。

最近は、「３Ｄよい」というものもあります。はく力のある３Ｄ映画を見ていると、目は映画の世界の情報を、現実の世界であるかのように脳に送り続けます。車に乗っている場面や空を飛んでいる場面では、目からは、からだが動いているという情報が入ってくるのに、もちろん、実際はいすに座ったままです。脳はすっかり混乱してしまい、乗り物よいと同じように、気持ちが悪くなることがあります。映画館を出て、ゆっくりと周りの景色を見ながら歩いていると、だんだん治まってきますよ。

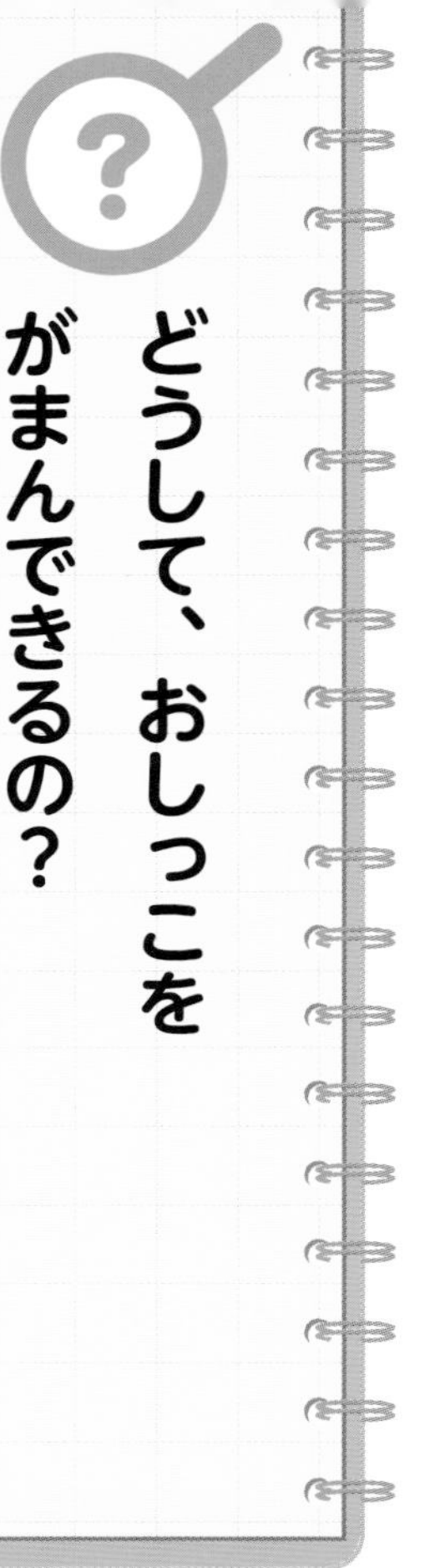

どうして、おしっこをがまんできるの？

授業中、トイレに行きたくなったらどうしますか？　授業の終わりまで、あと十分だったら？　そのくらいなら、がまんしますね。でも、おしっこって、どうしてがまんできるのか、考えたことはありますか？

おしっこは、おなかの下のほうにある「ぼうこう」という、袋のような場所にためられています。いちばん下に、おしっこの出口があります。

おしっこは腎臓でつくられて、管を通って、ぼうこうに入ります。もし、ぼうこうの出口が開きっぱなしだと、おしっこをずっともらしていることになってし

まいます。それでは大変。そうならないように出口をしっかりと閉める、輪になった筋肉（かつやく筋）が二つあります。一つは、ぼうこうの内側にあり、もう一つは、ぼうこうの外側にあります。水を入れたビニール袋の口を、二本の輪ゴムで閉めていると考えるとわかりやすいでしょう。

おしっこが入っていないときのぼうこうは、空気が入っていない風船のようにしぼんでいます。おしっこがたまってくると、かべがのばさ

［ぼうこう］

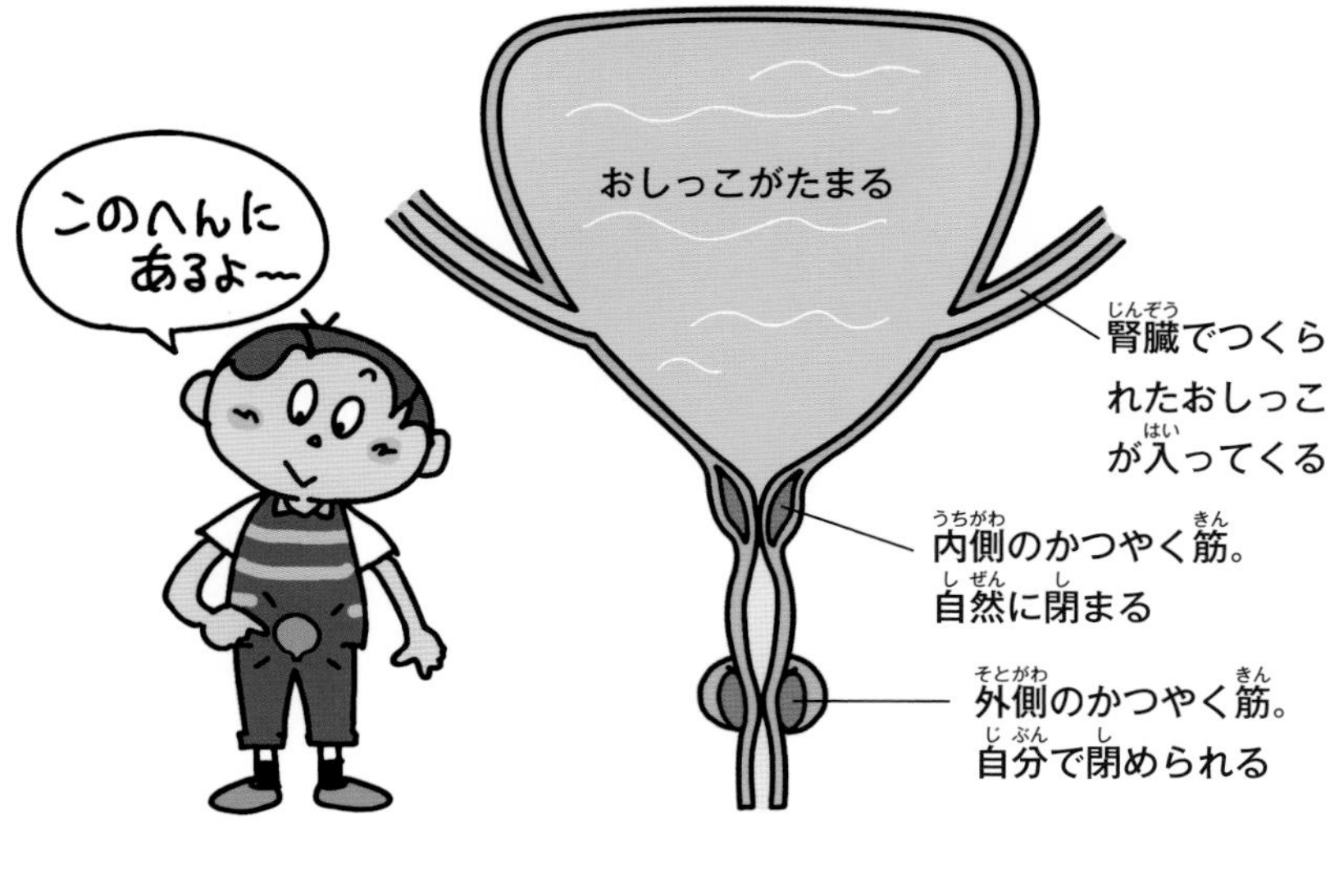

おしっこがたまる

腎臓でつくられたおしっこが入ってくる

内側のかつやく筋。自然に閉まる

外側のかつやく筋。自分で閉められる

このへんにあるよ～

れて、ふくらんできます。ぼうこうがふくらんでくると、神経を通じて「だいぶたまってきたよ」と脳に信号が送られます。でも、「トイレに行くまでは出してはいけません」という指令が、脳から返されてきます。すると、内側の筋肉が、ぎゅっと閉まって出口を閉じます。同時に、かべは、もっとうすくのびられるようになって、たくさんのおしっこをためられるようになります。

ここまでは、私たちが意識しなくても脳とぼうこうが勝手にやってくれていることなのです。そのうち、さすがにぼうこうがいっぱいになってきます。私たちが「トイレに行きたい」と感じるときです。でも、授業中だったら、すぐにはトイレに行けませんね。「もう少しがまんしよう」と思うと、今度は、ぼうこうの外側の筋肉がぎゅっと閉まります。外側の筋肉は、自分の意思で閉めることができるのです。これでしばらくは大丈夫。

さあ、休み時間です。トイレに行けました。「もういいよ、出口を開いて」と、脳が命令を送ります。ようやく筋肉が二つともゆるんで、ぼうこうの出口が開き、おしっこをすることができました。

ためしに、おしっこをとちゅうで止めてみましょう。このときって、内側の筋肉はゆるんだままで、外側の筋肉だけが閉まっているのですよ。

どうして、近視になるの？

学校で、視力検査をすることがありますね。「近視になっていますね」と、いわれた人もいるのではないでしょうか？　去年までは、ふつうに見えていたのに、どうしたのでしょうか？

その前に、物の見え方を説明します。目に光が入ってくると、光は目の表面の角膜で大きく曲がり、次に水晶体というレンズで曲げられます。曲げられた光は、目の中を通って、いちばんおくの網膜で焦点を結びます。この情報が神経によって脳へ伝えられることで、物が見えるのです。

網膜にちょうど焦点が合えば、物はくっきり見えます。「近視」は、網膜の手前で焦点が結ばれてしまうもので、遠くの物が見えにくくなります。反対に網膜の後ろで焦点が結ばれるのは「遠視」で、近くの物がぼやけて見えます。

小学校に入る前の小さな子どもは、目の成長もまだとちゅう

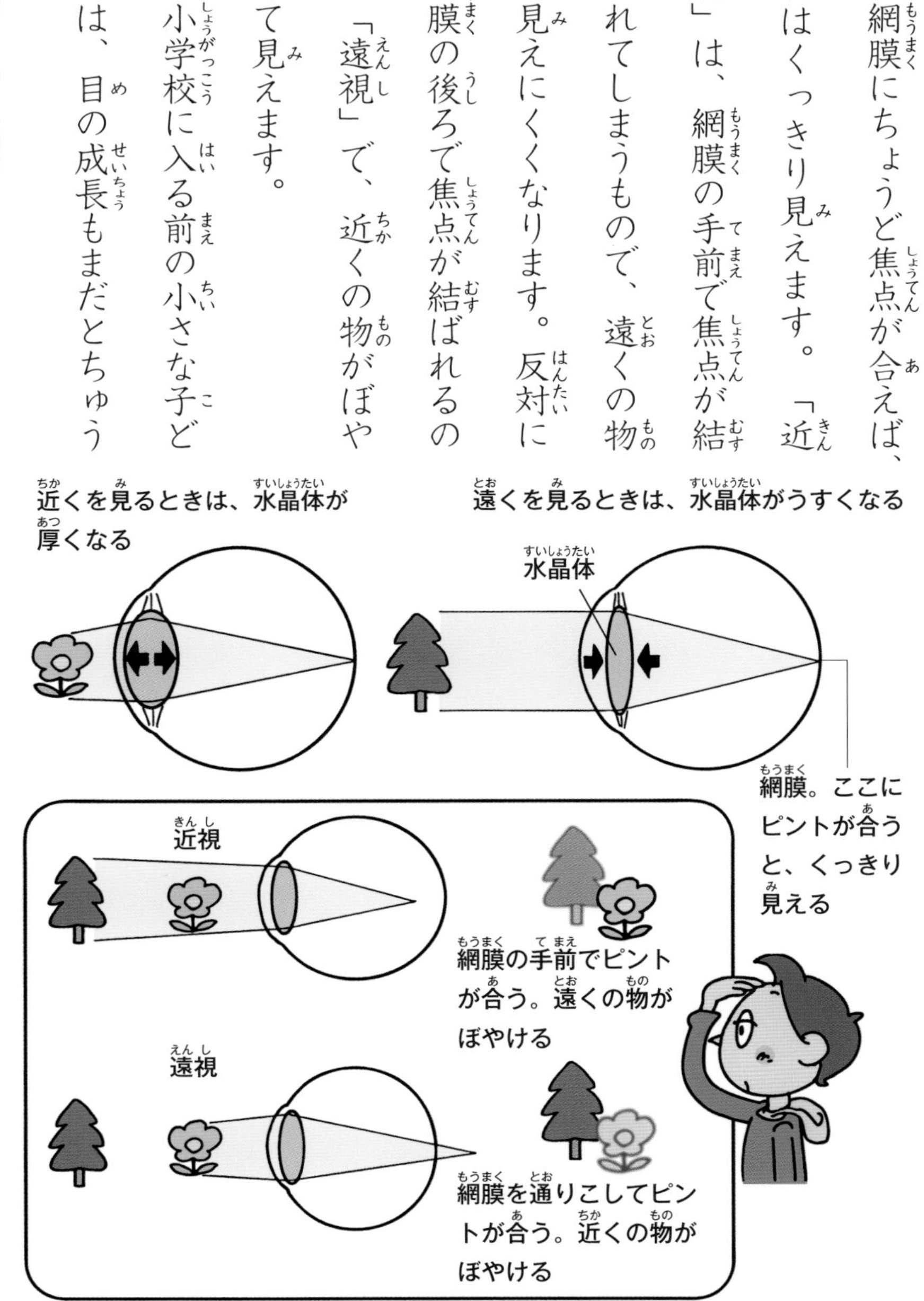

です。たとえば、眼球が十分に大きくなっていないと、焦点が合う位置が網膜よりも後ろになるので、遠視になってしまいます。でも、小学校に上がるころには目も十分に成長して、くっきりと見えるようになっているはずです。そのままずっと目がいいままだといいのですが、だんだん近視になる人がいます。小学生の三十パーセントくらいが近視だともいわれています。どうしてでしょうか？

じつは、近視になる原因は、はっきりとわかっていないのです。「ゲームばっかりしていると目が悪くなるよ」って、いわれることがありますよね。でも、ゲームをたくさんやっていても近視にならない子もいます。あまりゲームはしないのに、近視になる子もいます。生まれつき、近視になりやすいということがあるようなのです。ただ、毎日の生活が近視に関係しているとも考えられています。

私たちのふだんの生活は、宿題をしたり、ゲームをしたり、テレビを見たりと、遠くを見るよりも近くを見ている時間のほうが、ずっと多いですよね。近くを見るときには、水晶体が厚くなっています。いつも水晶体を厚くしていると、水晶体をうすくする調節が、うまくいかなくなり、これが近視につながると考えられています。

読書やゲームをして近いところばかりを見続けたら、水晶体の厚さを変えるために、今度は外で遊んだり、空をながめたりして、遠いところを見るようにしましょう。

お母さんのおっぱいから、どうしてお乳が出るの？

私たちは赤ちゃんのころ、お母さんのお乳を飲んで育ってきました。お母さんのおっぱいから、どうしてお乳が出るのでしょうか？

女の人は、男の人に比べて胸がふくらんでいますね。女の人のからだでは、大人になると、女性ホルモンという女性らしいからだをつくるものが増えてきます。すると、胸に脂肪がたまってくるので、胸が大きくなるのです。胸の中には、お乳をつくる「乳腺」という木の枝のような形のものができてきます。

お母さんのおなかに赤ちゃんができると、乳腺はお乳をつくるために発達しは

じめます。乳腺の枝が増えて、先が大きくふくれてきます。ここでお乳がつくられるのです。胸もいっそうふっくらと大きくなってきます。

ところで、お乳って、もともとは汗だったって知っていますか？　大昔のほ乳類のお母さんは、赤ちゃんに水分をあげるために自分の汗をなめさせていたのではないかと考えられています。汗を出す汗腺というところが変化して、お乳を出す乳腺になっ

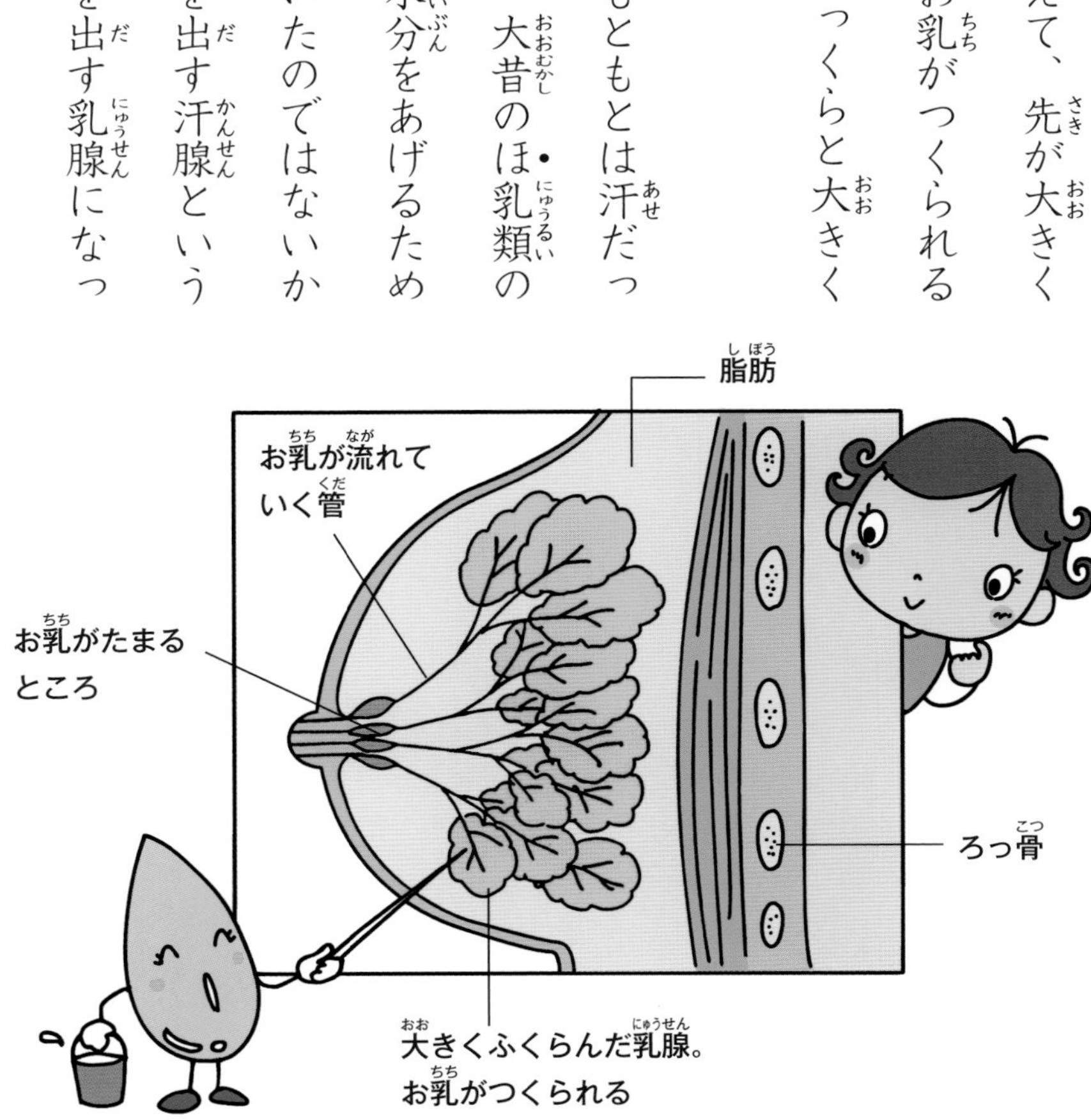

たのです。

お母さんのお乳は、赤ちゃんを育てるための栄養がたくさん入っています。それだけではありません。「免疫グロブリン」というものも入っています。免疫グロブリンは、からだの中に病気の原因となるものが入ってきたとき、それにくっついて、「これは病気の原因ですよ、やっつけてください」と知らせる大事なものです。

お母さんは、私たちが病気とたたかうための大事なアイテムをお乳に入れてくれているのですよ。

お乳の中には栄養だけではなく、免疫グロブリンも入っている

ゾーッとすると、鳥はだが立つのはなぜ？

ホラー映画を見ていて、ゾーッとしたときに、うでを見てみましょう。ぶつぶつと鳥の皮のように、鳥はだが立っていませんか？　ゾーッとしたときだけではありません。ガタガタとふるえるぐらい寒いときも、鳥はだが立っていることがあります。

鳥はだが立つのは、立毛筋のはたらきです。毛は皮ふに深くうまっています。立毛筋は、毛のいちばん深いところから、皮ふの表面近くをつないでいます。立毛筋が縮むと、体毛が立ち上がります。毛が立つと、毛の根元がぐっとつき出し

ます。また、立毛筋が皮ふを引っぱるので、その部分はへこみます。こうして、皮ふがでこぼこになるのです。
大昔の人間は、今よりも体毛がもっとたくさんありました。寒いときは立毛筋がきゅっと縮みます。すると、毛が逆立ちます。毛と毛のあいだに、空気が入ってふわっとしますから、からだの熱をにがしません。でも、現在の人間にはからだを温めるほどの体毛がありませんから、立毛筋が毛を逆立てても、あまり効果はなさそうですね。

[鳥はだが立った皮ふ]　[ふだんの皮ふ]

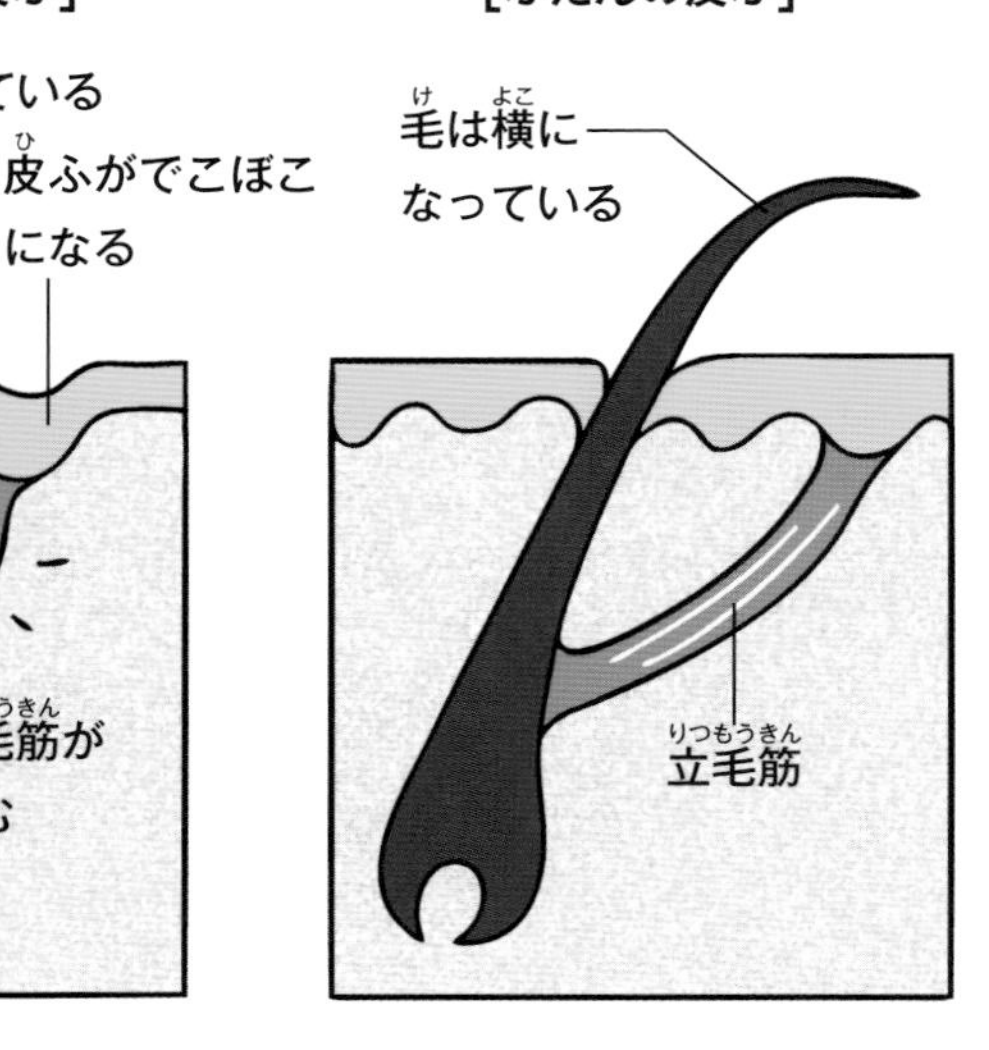

立毛筋を縮ませるのは、交感神経という神経のはたらきです。交感神経は、とてもこわかったり、すごくうれしかったりしたときにもはたらきます。そのためゾーッとしたときや、とつ然うれしいことがあったときも鳥はだが立つのです。

イヌやネコが、けんかする相手をおどすときに、ウーッとうなりながら毛を逆立てていますよね。あれは、鳥はだと同じ現象です。毛を逆立てると、からだが大きく見えます。自分のほうがからだが大きければ、敵を追いはらうことができるかもしれません。私たちも大昔は、こわいことがあったら全身の毛を逆立てて、からだを大きく見せていたのでしょうか？

なんだかおもしろいですね。

どうして予防接種をするの？

「病気になると大変だから」と、予防接種を受ける人もいるでしょう。注射、好きな人はいないですよね。病気なら仕方がないけれど、なんともないのに、どうして予防接種をしなければいけないのでしょうか。

それは、からだに「免疫」をつけるためです。免疫というのは、一度、細菌やウイルスが原因の病気にかかると、そのあとは同じ病気にはかからないこと、または、かかっても軽くすんでしまうことをいいます。

ビルや家にどろぼうがしのびこむと、警報装置がはたらいて、警備の人がかけつけてくることがありますね。免疫は、これと似ています。私たちのからだには、「これは自分のもの」「自分のものじゃない。勝手に外から入ってきた」という判断をするはたらきがあります。そして、勝手に入ってきたものは、やっつけてしまうのです。勝手に入ってきたあやしいもののことを「抗原」とよびます。

免疫反応では、とてもたくさんの細胞がはたらきます。まず、抗原（かぜのウイルスや花粉など）を見つけると、とりあえずバクッと飲みこんで片づけてしまう係の細胞がいます。抗原を飲みこんだ細胞は、「こういう危険なやつが入りこんでいたよ」と、情報をほかの細胞に知らせます。以前にも、からだに入ったことがある抗原だと、情報を受け取った細胞がすぐに「あいつだ」と判断します。そして、「あいつ専用の目印を出して」と、目印をつくる細胞に指示します。

目印のことを「抗体」といいます。目印をつくる細胞は「これですね！」と、すぐに抗体をつくります。抗体は抗原にピタッとはまる形になっていて、次つぎと抗原にくっついていきます。抗体がくっついた抗原は活動できなくなります。さらに攻撃係の細胞の出番です。抗体がついていると目標がわかりやすくなるので、どんどんやっつけていきます。また、からだのさまざまな部分も、その抗原が起こす病気に備えて、防衛したり、追い出したりと、反応をはじめます。

からだに入ったことがない、新しい抗原だとどうなるでしょうか。記録が残っていないので、すぐに抗体がつくれません。抗原に目印がつけられないので、効率よく攻撃したり、防衛したりすることができません。そのため、つらい症状が出てしまうこともあります。

[免疫反応ではたくさんの種類の細胞が活やくする]
マクロファージ。ウイルスを食べる
あやしいな〜食べてやる
ウイルス(抗原)
これ食べた
T細胞。マクロファージが食べたウイルスをチェックする
チェックします
これ前にも入ったことあるから抗体を出して!
B細胞に、ウイルスに合った抗体を出すように指示をする
よし!
抗体つくるぜー
抗体。くっつくと、ウイルスが活動できなくなる
B細胞はウイルスに合った抗体をどんどんつくる
マクロファージ。ウイルスをどんどん食べる
好中球。抗体がくっついたウイルスをやっつける

抗体がつくれないと困りますね。そこで予防接種をするのです。予防接種は、病気を起こせなくした抗原をからだに入れる注射です。病気の症状は出ませんが、からだが抗原を覚えて、いざというときにはすぐに抗体をつくってくれるのです。たとえば、インフルエンザにかかると、高い熱が出て、からだが弱ってしまいます。インフルエンザのウイルス（抗原）は、いくつかのタイプがあり、年ごとに流行するタイプが異なります。そこでその年に流行しそうなウイルスのタイプに合わせた予防接種をして、抗体を準備しておくのです。

免疫反応でがんばる細胞たちがはたらきやすいように、手助けをするのが予防接種なのです。ちょっとチクリとしますが、あとは細胞たちが活やくして病気を防いでくれますよ。

なぜ花粉症になるの？予防はできるの？

もうすぐ春になるなあ、という季節。みんなうきうきとしています。おや、ちょっと気持ちがしずんでいる人もいますね。もしかして、花粉症ですか？

春の花粉症のほとんどは、スギの花粉が原因です。花粉症の人は、くしゃみや鼻水が止まらなくなったり、目がかゆくなったり、なみだがたくさん出たりします。まったく平気な人もいるのに、どうして、こんなにちがうのでしょうか？

これは、花粉に対してアレルギーを起こす人と起こさない人がいるからです。

アレルギーって、よく聞きますが、どういうものなのでしょうか？

私たちのからだは「免疫反応」という、自分のからだを守る能力をもっています。免疫反応は、外からからだに入ってきたあやしいもの（抗原）をやっつけてしまう反応です。ところが免疫反応が強すぎるために、からだがとてもつらくなったり、病気になってしまうことがあります。これをアレルギーとよんでいま

花粉症の人は、抗体が必要以上にたくさんできてしまう。免疫反応が強くなり、なかなか止まらない

す。免疫反応は、からだを守ってくれるものなのに残念ですね。

からだに入ってきた花粉は、免疫反応によって「よくないものだ」と判断され、「抗体」という目印がつけられます。抗体が花粉にくっつくと、花粉を追い出す反応が起こります。からだの外に飛ばすために、くしゃみが出ます。洗い流すために、鼻水やなみだが出ます。これ以上入ってこないように、鼻がつまります。

ここまではいいのです。ところが、花粉症の人は、抗体が必要以上にたくさんできてしまい、反応が止まらなくなるのです。

どうして花粉症の人には大量の抗体ができるのか、その理由はよくわかっていません。家族にアレルギーのある人がいると、花粉症になりやすいともいわれるし、あるときとつ然、花粉症になってしまう人もいます。人によっては、花粉だけではなく、卵や豆といった食べ物などにもアレルギーのある人もいます。

花粉症かもしれないと思ったら、病院に行って、アレルギーの検査を受けましょう。花粉症であれば、病院で症状を弱くする薬を処方してもらえます。また、マスクや専用の眼鏡をして花粉をからだに入れない工夫もしましょう。

花粉症を起こす抗体は、大昔は寄生虫をやっつけるための抗体だったという考えもあります。現在の社会は清潔なので寄生虫が少なく、仕事がなくなった抗体が暴走して、花粉に反応しているのではないかともいわれています。

耳あかに二種類あるって、どういうこと？

耳あかをじっくりと見てみましょう。かわいてカサカサしていますか？　しめってネバッとしていますか？　日本人の七十〜八十パーセントは、かわいた耳あかです。かわいた耳あかの人は、日本と朝鮮半島、中国東北部に多いことがわかっています。でも、世界全体の人たちで見ると、しめった耳あかの人のほうが多いのです。

人類は、アフリカで誕生して東へ東へと広がっていきました。最初はみんな、しめった耳あかだったと考えられています。もちろん、日本にすみはじめた人類

もしめった耳あかでした。この人たちが縄文人となります。

そのあと、かわいた耳あかをもつ人たちが生まれました。この人たちも東へ移動し、海をわたって日本にもやってきました。弥生人です。

耳あかの二つのタイプは、どうやってできたのかが調べられました。すると、人間の遺伝子のうち、たった一か所がちがうだけで、耳あかがかわくか、しめるかが決まることがわかりました。細胞の中からものを出すはたらきをもつ遺伝子の一つに突然変異が起こることで、耳あかがかわくようになるのです。

この突然変異が起きたのは、今から二万〜三万年前で、場所はロシアのバイカル湖のあたりだったと考えられています。最初は、数人だけが耳あかがかわく遺伝子をもっていたのでしょう。それがずっと受けつがれて、今、日本人のなかにたくさん残っているというわけです。

日本全国で、この遺伝子のちがいを調べたところ、西日本にはかわいた耳あかになる遺伝子、東日本にはしめった耳あかになる遺伝子をもつ人が多いというけい向がありました。

あなたの耳あかはどっちでしたか？

耳あかを見て、私たちの遠い遠い先祖のことを想像してみましょう。

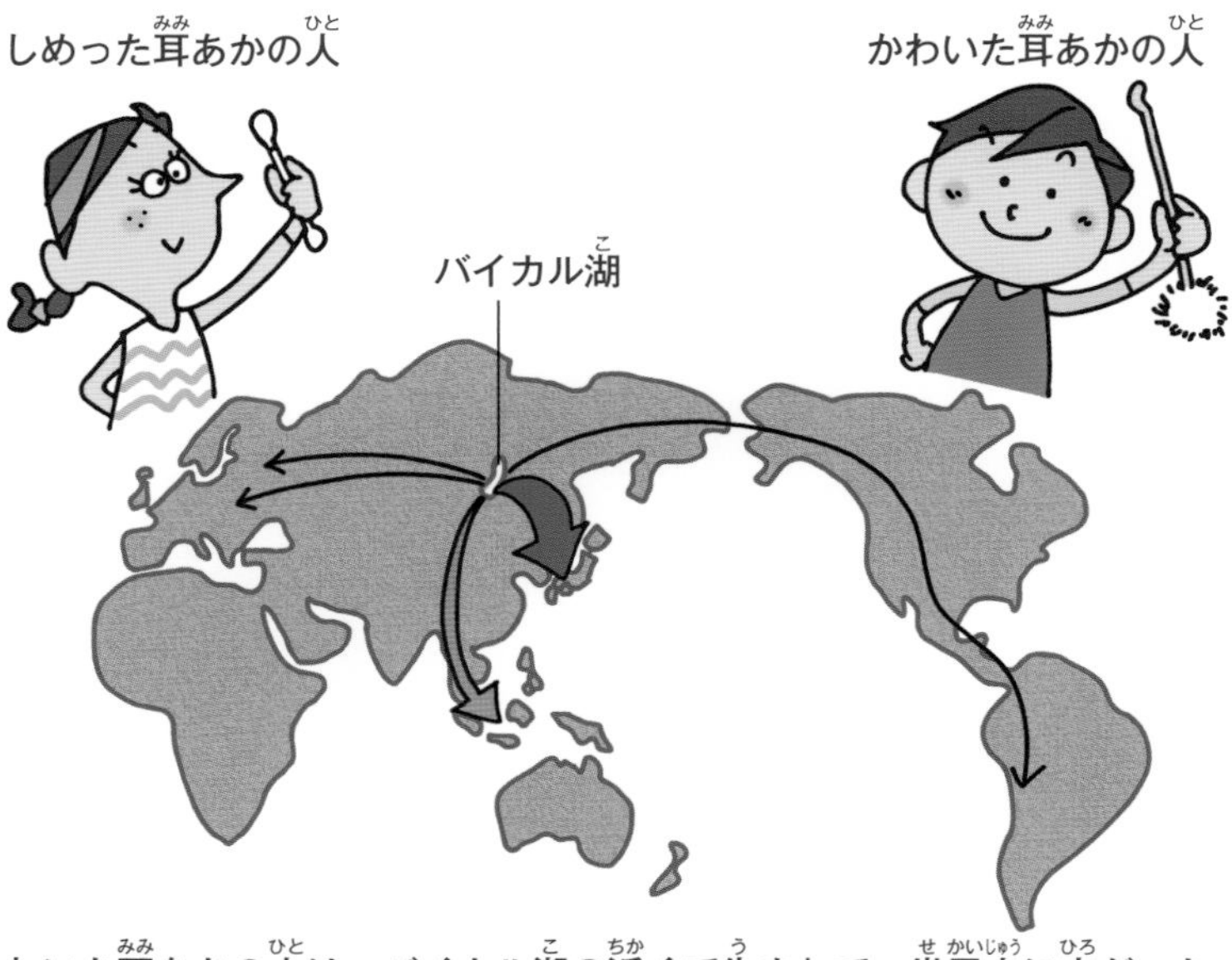

しめった耳あかの人

かわいた耳あかの人

バイカル湖

かわいた耳あかの人は、バイカル湖の近くで生まれて、世界中に広がった

日本人と外国人で、虫や鳥の声の聞き方がちがうの？

秋になると、草むらから、「リーリーリー」「コロコロコロ」とスズムシやコオロギの鳴き声がします。虫の声を聞くと、秋になったなあと思いますよね。でも、ふしぎなことに外国の人は、虫の声を聞いても「リーリーリー」などと表現できないのだそうです。どうしてそんなちがいが出てしまうのでしょうか？

耳から入ってきた音の情報は、脳に伝えられます。そのとき、音楽や機械がたてる音は右側の脳で、会話などの言葉に関する音は左側の脳で聞いています。左側の脳には、言葉を聞いたり話したりすることに関わる部分があるのです。

それでは、鳥や虫の声、雨や風の音といった自然のなかで生まれた音は、どちらの脳で聞いているのでしょう。ある日本人の研究者によると、日本人では左側の脳で、外国人では右側の脳で聞いているのだそうです。そして、このようなちがいが起こる原因は日本語の特ちょうにあると考えられています。

日本語は母音（あいうえお）をよく使います。虫や鳥の声は、音としては母音に似ています。ですから、日本語と同じように、左側

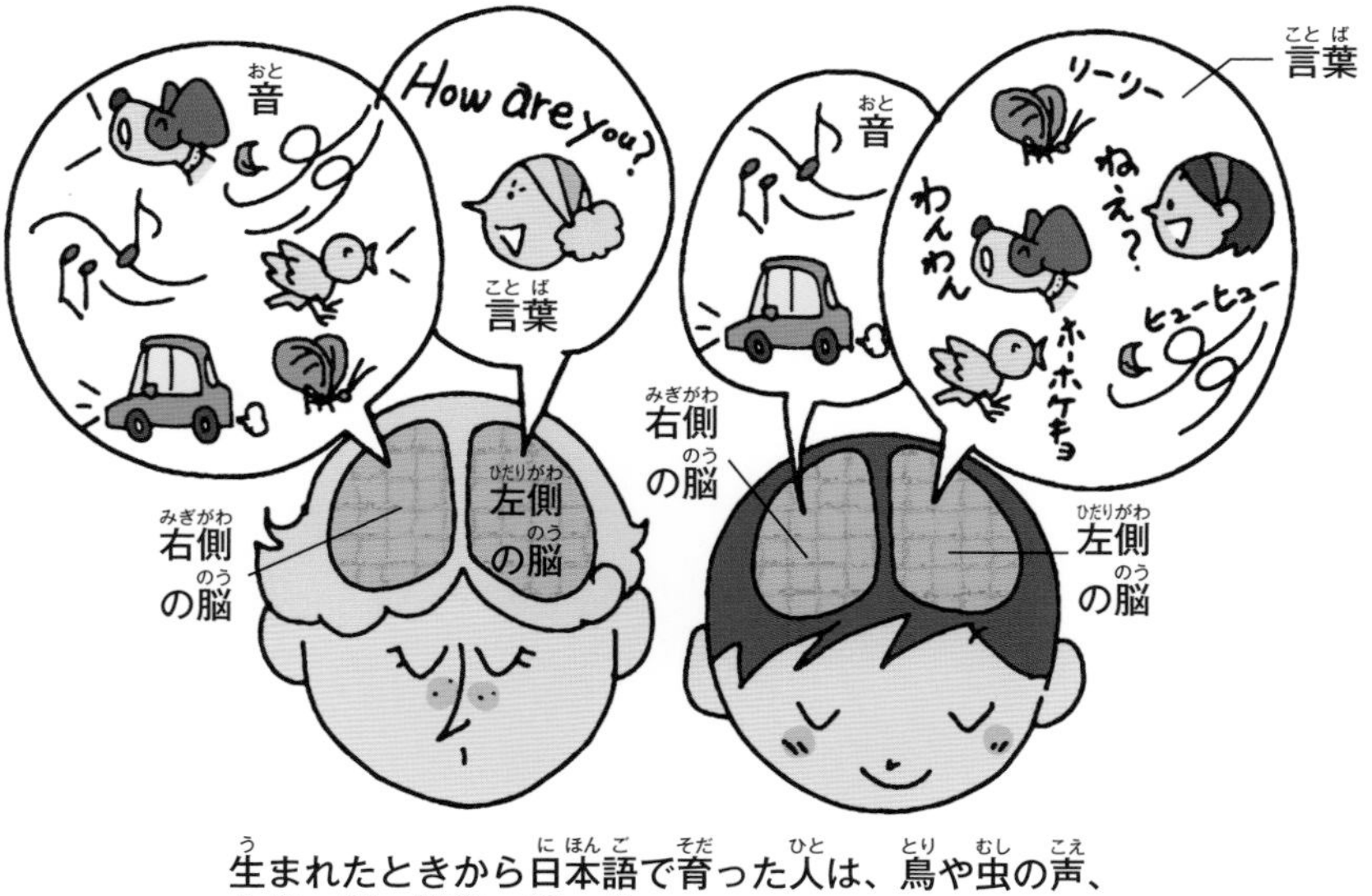

生まれたときから日本語で育った人は、鳥や虫の声、自然の音を左側の脳で聞いている

の脳で聞いてしまうのではないかといわれています。言葉をあつかう脳で聞くから、虫の声が、「リーリーリー」と聞こえるのですね。外国人でも、日本で生まれて日本語で育った人は、虫の声を左側の脳で聞いているそうです。

ところで日本人は、鳥の鳴き声の語呂合わせが得意です。これを「聞きなし」といいます。たとえば、ウグイスの鳴き声は「法ー法華経」、ホトトギスの鳴き声は「特許許可局」と聞きなしをします。左側の脳が鳥の鳴き声を言葉に置きかえているのかもしれません。雨の音を「しとしと」、風の音を「そよそよ」などと、自然の音をいろいろな言葉で表現するのも得意です。

自分の周りの自然の音を、どんな言葉で表現できますか？ たまにはテレビや音楽を止めて、静かに周りの音に耳をかたむけてみましょう。

動物のふしぎ

イラスト／いずもり・よう

カンガルーのお母さんのおなかには、なぜ袋があるの？

動物園やテレビで、カンガルーのお母さんのおなかから、子どもがちょこんと顔を出しているところを見たことがありますか？　カンガルーのお母さんのおなかには、大きなポケットがついています。おかしやおさいふを入れたりはしませんよ。カンガルーのお母さんのポケットは、子どもを入れる専用のポケットなのです。

カンガルーのように、お母さんが子ども専用のポケットをもっている動物を、「有袋類」といいます。袋がある動物という意味です。カンガルーも私たちも、赤ちゃんをお乳で育てる動物なので、ほ乳類です。だけど、ほ乳類のなかでも、袋があるものを有袋類というのです。

カンガルーは、日本からずっと南へ行ったオーストラリアなどにすんでいます。動物園で人気者のコアラも、ここにすんでいますよ。コアラも有袋類です。ほかにも、ウォンバット、フクロモモンガ、タスマニアデビルなど、たくさんの有袋類がすんでいます。

オーストラリアは、年によって雨が多かっ

たり、少なかったりします。植物もたくさんは生えません。動物がくらしていくのには、ちょっと厳しい場所です。だから袋をもっていると、お母さんは子どもを育てやすいのです。

有袋類は、とても小さな赤ちゃんを産みます。たとえば、生まれたばかりのカンガルーの赤ちゃんの大きさは一〜二センチメートルほどしかありません。だけど、お母さんのおなかの上を自分ではっていって、袋の中に入ります。袋の中には小さな乳首があります。赤ちゃんは、ここでミルクを飲んで育ちます。

お母さんカンガルーがどこにいても、赤ちゃんは袋の中に入っているから、とても安全です。冷たい雨が降っても、お日さまが照りつけても、寒くもないし、暑くもありません。お母さんにとっても、小さな赤ちゃんを産んで、袋の中で育てるほうが楽なのです。

有袋類でないほ乳類のお母さんは、赤ちゃんがおなかにいるあいだは、けっこう苦労します。おなかの中の赤ちゃんに十分な栄養をあげるために、たくさん食べなければなりません。大きなおなかを守りながら食べ物を探しまわったり、ときには、敵からにげたりしなければなりません。オーストラリアのように環境が厳しい場所では、とても大変でしょう。

カンガルーのポケット、ちょっとうらやましい気がしませんか？

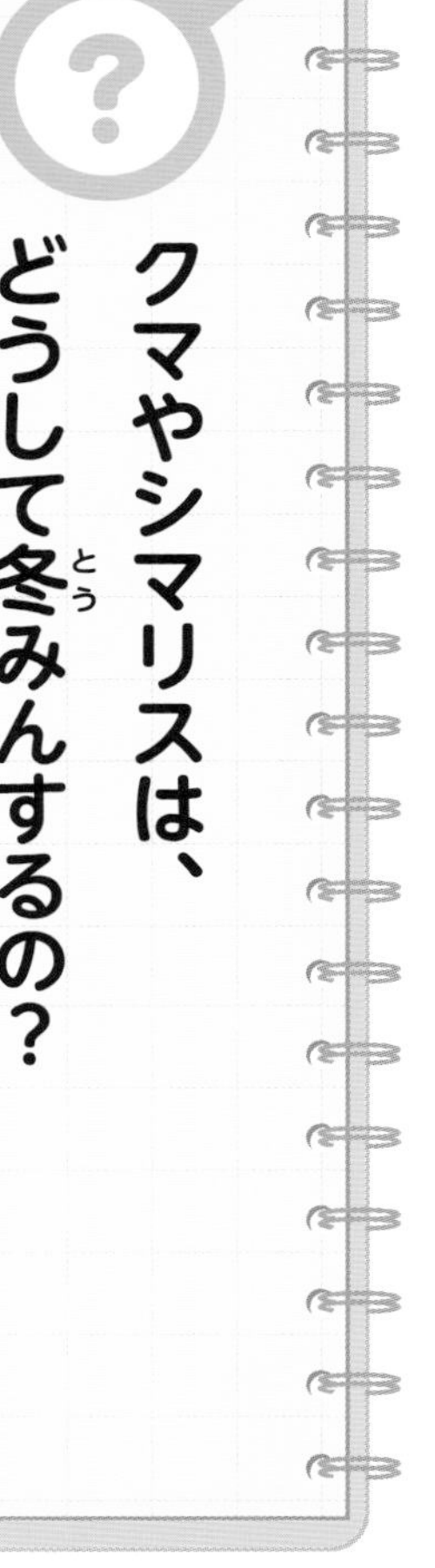

クマやシマリスは、どうして冬みんするの？

寒い冬の朝は、おふとんから出たくないですよね。「クマやシマリスみたいに、冬みんしたい！　春になるまで、ぬくぬくとおふとんで過ごせたら幸せそう」なんて、いっている人はいませんか？　でも、冬みんをする動物には、ちゃんと理由があるのです。どんな理由なのでしょうか？

•ほ乳類は、周りの温度が上がったり、下がったりしても、体温が変わらない動物です。体温を一定にしておくには、たくさん食べて、エネルギーをつくらなければなりません。だから冬になるとひと苦労。からだから、どんどん熱がにげて

しまうので、体温を保つエネルギーがたくさん必要なのに、食べ物も少なくなるからです。

そこで生まれたのが「冬みん」です。体温をほんの少し下げてねむることで、エネルギーを節約できます。日本のほ・乳類では、ヤマネ、シマリス、クマなどが冬みんをします。冬みんの仕方は、それぞれちょっとずつちがいます。

ヤマネはおデブさん型。冬みん前にたくさん食べて、まるまると太ってねむり続けます。ねているあいだ、からだにたまった脂肪を少しずつ使っているのです。体温は〇度近くまで下がって、ほとんど目を覚ましません。

シマリスは、ためこみ型。土の中に冬みん用の巣穴をほります。そして、秋のうちに、ドングリなどの食べ物をたくさん運びこみます。体温は五度くらいに下がります。たまに目を覚まして、ためておいたドングリを食べて、またねむるのです。

クマの冬みんは、ほかの動物と少しちがって、体温はほとんど下がりません。クマは秋にたくさん食べて、いっぱい脂肪をつけます。そして、がけや大きな木の下に穴をほって、その中でねむります。冬みんしているあいだは、何も食べないし水も飲みません。うんちもしないのです。冬みん中に赤ちゃんを産むお母さんグマもいます。何も食べていないのに、冬のあいだ赤ちゃんにミルクをあげているのですよ。だから、春、冬みんしていた穴から出てきたお母さんグマは、やせ細ってふらふらです。

私たちは、寒くなったら暖かなセーターやコートを着られるし、ごはんも夏と同じくらいたくさん食べられます。冬みんしたい！　なんて思ったら、クマにおこられてしまいますね。

シロクマは、なぜ白いの？

シロクマって、かわいいですよね！　もこもこした真っ白いからだに、つぶらな黒い目と鼻がアクセント、足は太いけれど、頭は小さくて、耳もとても小さいです。

さて、シロクマの正式な名前は、ホッキョクグマといいます。ホッキョクグマがすんでいるのは、北極とその周り。とても寒い地域です。氷と雪の世界でくらしているから、真っ白になったのでしょうか。いいえ、ホッキョクグマの毛は白色ではありません。よく見ると、本当はとう・・明なのです。それにホッキョクグマ

の毛を全部そってしまうと、地はだの色は黒色、つまり〝クロクマ〟になるのです。

みなさんは黒いものは温まりやすいという性質を知っていますよね。黒い色は光をたくさん吸収するので、熱がたまりやすいのです。北極で生きるためには、とにかく寒さへの対策が大事です。太陽の光は、とう明な白い毛を通りぬけます。黒い地はだに届いて、からだを温めてくれるのです。

また、毛の中心は空どうでストローのようになっています。この部分を「ずい質」といいます。

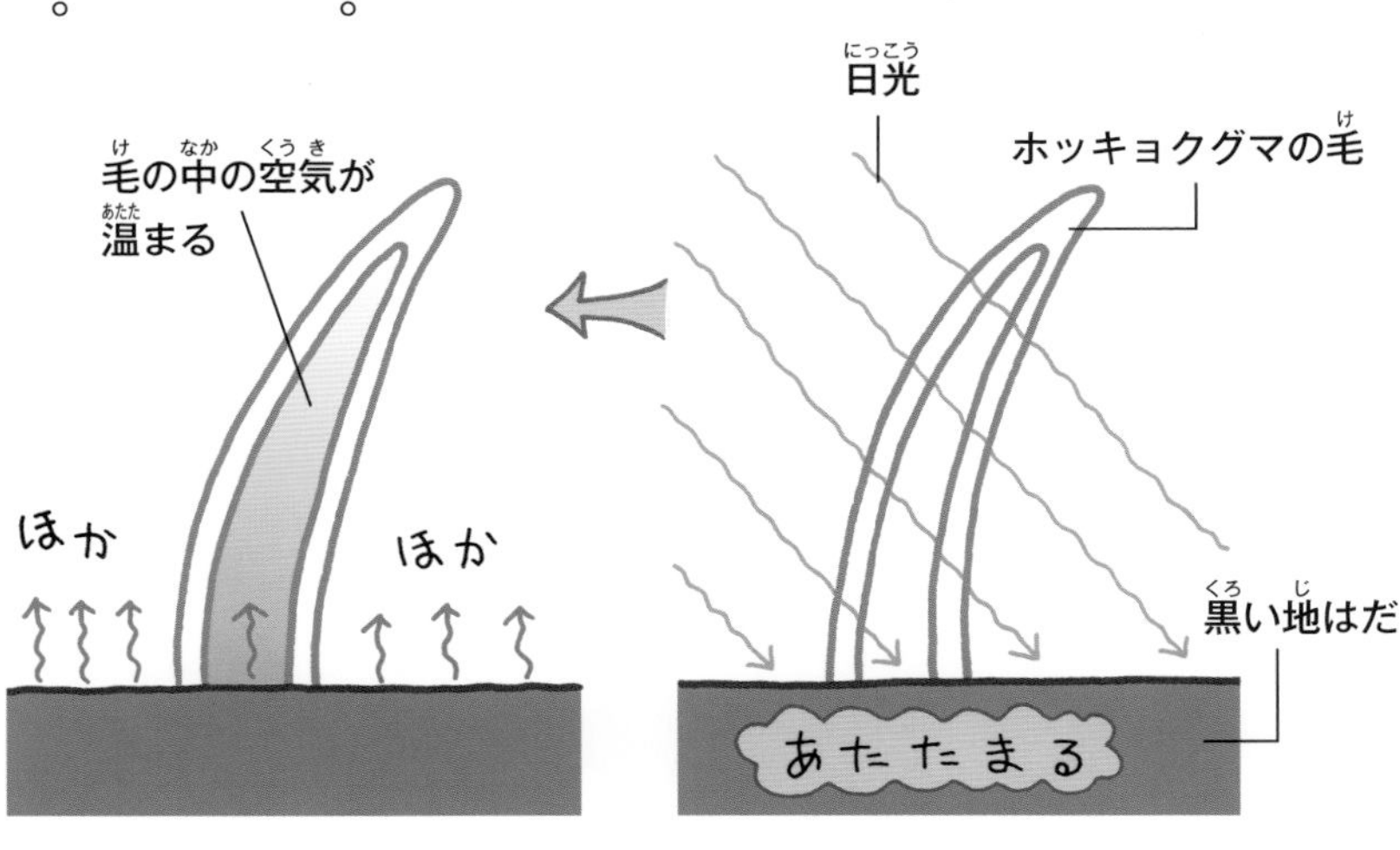

ずい質にはからだの熱で温まった空気が入っています。ほかのほ乳類の毛にもずい質はありますが、細胞がハチの巣状やハシゴ状に並んでいます。ホッキョクグマのストローのようなずい質は、温かな空気をいちばん多くためるのです。空気をふくんだとう明なものがたくさん重なっていると、全体はとう明ではなく、白く見えます。ですからホッキョクグマは「シロクマ」になるのです。

ホッキョクグマの毛は長さ十五センチメートルもあり、それが何層も重なって、からだをおおっています。皮ふの下には、十センチメートルもの脂肪があります。毛と脂肪の分厚いコートに守られているので、北極の冷たい海でもホッキョクグマは元気に泳ぐことさえできるのです。

こんなふうに、とても寒い所でくらすからだのしくみになっているので、暖かい地域の動物園で飼育されているホッキョクグマは、夏になると暑くてたまりません。ずっとプールの中に入って、暑さをしのいだりしています。

また、夏の動物園では、ホッキョクグマの白い毛が緑色になることがあります。これは、飼育しているプールで発生した小さな藻の仕業です。小さな藻が毛の空どうの部分に入りこんで、毛を緑色にしてしまうのです。寒くなって藻がかれると、もとのシロクマにもどりますよ。

コアラの赤ちゃんが、お母さんのうんちを食べるって本当？

みなさんは、コアラは好きですか？　お母さんが赤ちゃんをおんぶしていたり、葉っぱをもぐもぐと食べていたりして、かわいいですよね。ところでコアラの赤ちゃんって、お母さんのうんちを食べて育つって知っていますか？

うわ、きたない！　なんていわないでね。コアラにとって、大事なことなのです。

コアラは植物を食べる動物です。植物には食物せんいという、筋のような成分がたくさんふくまれています。食物せんいはかたいので、細かくして栄養分を取

り出すのが大変です。だから、植物を食べる動物は、胃や腸の中にすんでいるび・生物という小さな生き物に消化を助けてもらっています。おなかの中のび・生物は、植物のかたい成分を分解することができます。び・生物が分解してくれるおかげで、栄養分として吸収できるのです。

さて、コアラはユーカリという木の葉を食べます。ユーカリは食物せんいがとても多く、ほかの植物よりもかたいのです。おまけに少し毒も入っています。ですから、ふつうの動物はユーカリを食べません。消化できなくて、おなかをこわしてしまうからです。でも、コアラはいつもユーカリを食べています。コアラはどうやってユーカリを消化しているのでしょうか？

コアラの腸の中には、かたいユーカリでも分解できる強力なび・生物がすんでいて消化を助けてくれます。だけど、このび生物は、生まれたばかりの赤ちゃんのからだには入っていないのです。

そこで、お母さんのうんちの出番です。お母さんがうんちをすると、ユーカリを分解するび生物もいっしょに出てきます。赤ちゃんがうんちを食べれば、び生物をおなかの中に送りこむことができます。

び生物をもらえば、赤ちゃんはユーカリを食べて、ぐんぐん成長できます。うんちは、お母さんから赤ちゃんへの大切なプレゼントなのですね。

ただ、いくらび生物に助けてもらっているといっても、ユーカリのかたい食物せんいは簡単には分解できません。そのため、コアラの盲腸はとても長くなっています。長い盲腸で、ゆっくり時間をかけてユーカリを消化するのです。大人のコアラで一・五メートルもの長さがあるそうです。

なにもわざわざ消化に苦労する植物を食べなくてもいいのに、とも思えます。だけど、ユーカリを食べられる動物は、コアラだけ。「周りに生えているユーカリは、全部自分のもの。消化が大変でも、食べ物探しに困らないほうがいいな」というのがコアラの生き方なのです。

女王アリや女王バチのような「女王」は、ほ乳類にもいるの？

こん虫のなかで、アリやハチには、女王がいることは知っていますね？　私たちほ乳類にも、女王のいる仲間がいます。ハダカデバネズミの仲間です。名前にネズミがつきますが、ふつうのネズミとはだいぶちがう動物です。

ハダカデバネズミは、アフリカの砂ばくのようなあれ地にすんでいます。地下に長いトンネルをほって、巣にしています。土をほるために、前歯が大きくつき出ています。からだにはほとんど毛がなく、丸はだかに見えます。

ふしぎなのはすがただけではありません。一つの巣には、ふつうは百ぴきほど、多いときには三百ぴきものハダカデバネズミが集団でくらしています。この巣のトップは、「女王」とよばれるメスです。女王と結こんできるオスは、数ひきしかいません。もちろん、子どもを産んでミルクをあげられるのは女王だけです。そのほかのハダカデバネズミは、オスもメスも、巣の中で一生はたらきます。

女王は、たくさんの子どもをどんどん産みます。子どもたちが育つと、それぞれの仕事を分担します。いちばん数が多いのは穴ほり係です。穴ほり係は、毎日トンネルをほります。そして、食べ物になる植物の根っこをかじって、貯蔵する部屋に運びます。そのほかには、巣や女王を守る係、子どもを育てたり、子どもにおおいかぶさって温めたりする係などがあります。

さて、ハダカデバネズミの女王は、一度女王になれば、いつまでも安心というわけではありません。ときに、ほかのメスが反乱を起こして自分が女王の座につくことがあります。

本当はハダカデバネズミは、どのメスも子どもを産む能力があるのです。だから女王が病気やけんかで死ぬと、一頭のメスが子どもを産みはじめ、新しい女王となります。

ハダカデバネズミの女王は、たくさん子どもを産んで、ミルクをあげながら、みんながちゃんとはたらいているか見回りをしたり、ほかのメスが反乱を起こさないように見張っていたりしなければなりません。女王は、ゆっくりとねる間もないほど、いそがしいのです。どんな動物でも、女王様や王様になるというのは大変なことなのですね。

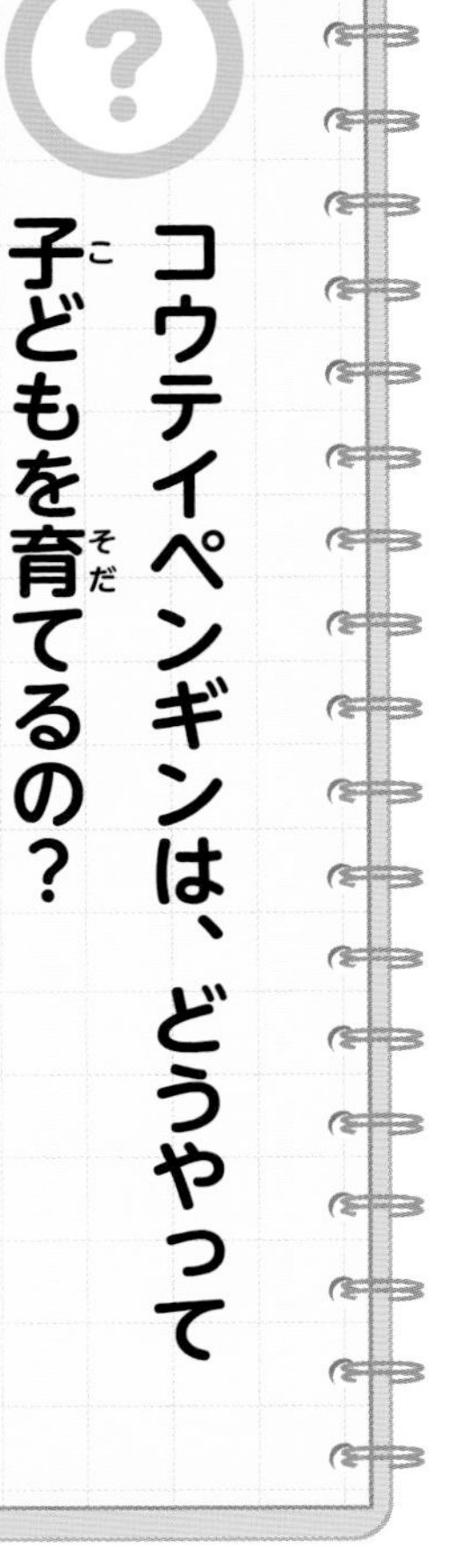

コウテイペンギンは、どうやって子どもを育てるの？

動物園や水族館の人気者、ペンギン。水の中では魚のようにスイスイと泳ぎ、水から上がると羽でバランスを取りながら、よちよち歩く様子を見るのは、とても楽しいですね。

南極で過ごすペンギンの代表が、コウテイペンギンです。ペンギンのなかでいちばんからだが大きく、背の高さは一メートルほどになります。コウテイペンギンのお母さんは、冬の初めに卵を産みます。卵を産んだら、すぐに食べ物をとるために海に向かって移動します。でも、周りはずっと氷の平原。海に出て、また

もどってくるまで何か月もかかるのです。

そのあいだ、お父さんペンギンは足の上に卵を置いて、おなかの羽毛で卵を温めます。二か月ほどで卵はかえりますが、まだお母さんはもどってきません。お父さんは、赤ちゃんを足の上にだいて守ります。このあいだ、食べる物は何もありません。

南極の冬は、日本の冬とは比べようがないほど寒いのです。気温はマイナス二十〜マイナス四十度、太陽もほとんど顔を出さず、冷たい風がふきつけてきます。

でも、コウテイペンギンのお父さんは、一ぴきでたえているのではありません。ペンギンたちは、寒いときには、みんなでぎゅうぎゅうとおしくらまんじゅうをして寒さをしのぐのです。これを「ハドリング」といいます。外側にいるペンギンは、からだが冷えてくると暖かな内側に入ってきます。外側から内側へと、順番に交代するので、どれか一ぴきだけがこごえきってしまうことはないのです。

やっとお母さんがもどってきて、赤ちゃんの世話を交代すると、今度はお父さんが海に向かって旅立ちます。お母さんは、自分のおなかから魚やエビ、オキアミなどをはきもどして、赤ちゃんに食べさせます。

どうしてコウテイペンギンは、わざわざ真冬に子育てをするのでしょうか？鳥の多くは夏の初めに卵を産みます。しかし、南極の夏は短く、またコウテイペンギンの赤ちゃんは、大きくなるのに時間がかかります。もし夏の初めから子育てをはじめると、小さなうちにとても寒い冬をむかえることになります。真冬に卵を産んで子育てをはじめれば、短い夏のあいだでも子どもは十分に成長して、冬にはりっぱな大人になることができます。

愛らしい姿からは想像できませんが、コウテイペンギンは鳥のなか、いえ、動物のなかで、最も厳しい環境で子育てをしているのです。

水鳥は氷の上にいて、しもやけにならないの？

冬になると、北の国からはるばるとわたり鳥が飛んできます。冬、日本にわたってくる鳥を冬鳥といいます。冬鳥には、ハクチョウをはじめ、ガンやカモなどの多くの水鳥がいます。

冬の湖や川は、すごく冷たいはず。でも水鳥は、冷たい湖に浮いていたり、氷の上でねむっていたりします。おなかには温かい羽毛はあるけれど、水かきがある足の部分には羽毛はありません。足がどんどん冷えて、そのうち全身が冷たくなってしまうのではないでしょうか。そんなことにならないように、水鳥は足

に特別なシステムをもっています。

鳥の足からどう体に向かう部分の関節には、「ワンダーネット（奇網）」とよばれる構造があります。ワンダーネットは、血管の構造のひとつで、静脈と動脈がからみ合っています。動脈には、心臓から送られてきた血液が流れています。静脈には、心臓にもどる血液が流れています。

水鳥の足は、いつも冷たい水や氷に

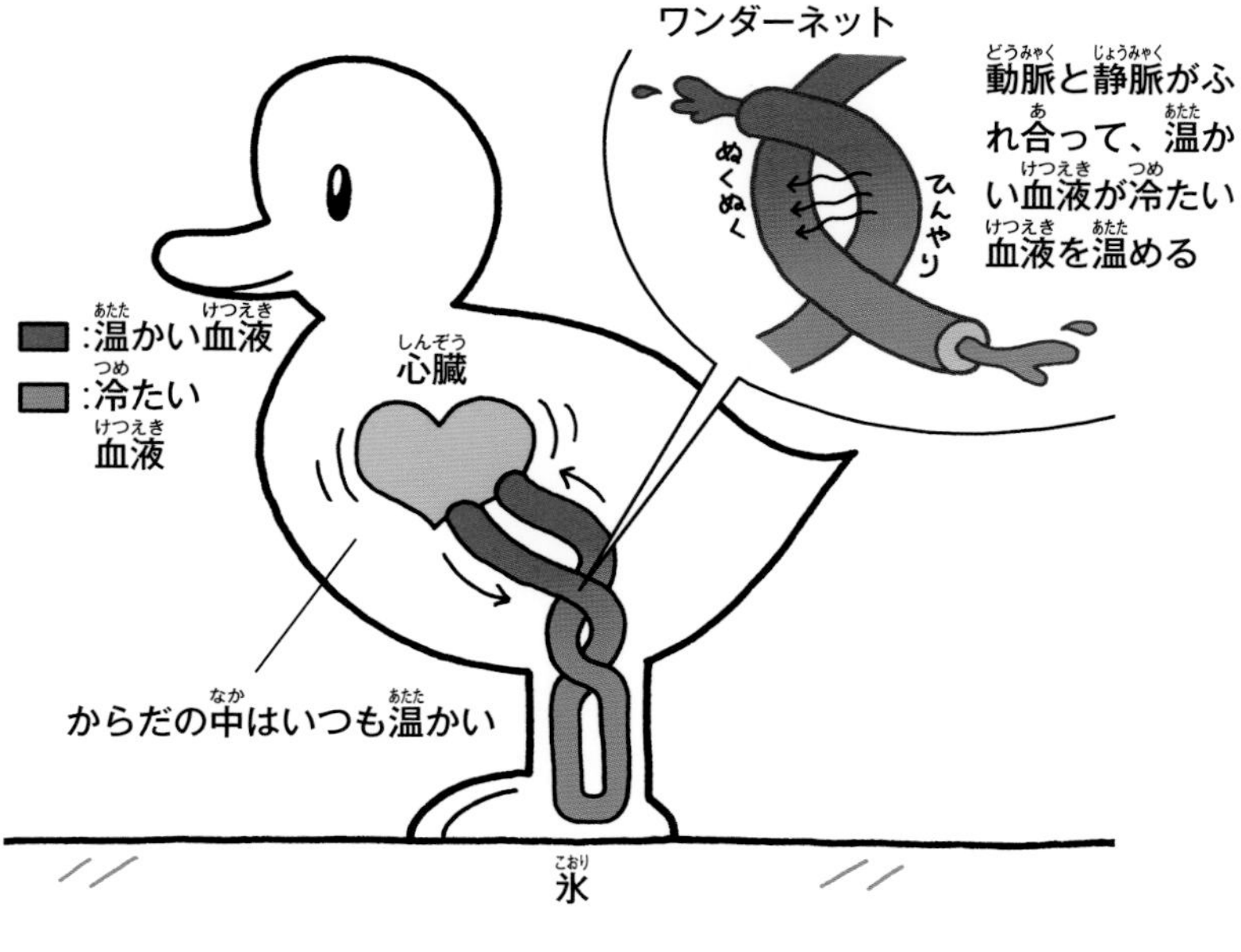

ふれていますから、足の内部にある静脈の血液も、冷えきっています。しかし動脈を流れる血液は、からだの内部を通ってきていますから、体温と同じぐらい温かくなっています。ワンダーネットでは、静脈と動脈がたがいにふれ合うように近くを通りますから、動脈の血液の温かさが静脈の冷たい血液に伝わります。これで、静脈の血液が温められるので、足も冷えきらないし、冷たい血液がそのままからだにもどるわけではないので、体温もあまり下がらないのです。

さて、鳥をよく観察してみると、一本の足だけで立っているものがいますね。足が長いツルを見るとわかりやすいでしょう。これも体温を保つのに関係したしぐさです。足が水に入っていると、そこからだんだんと体温をうばわれてしまいます。そこで片方の足をきゅっと曲げて、おなかにくっつけてしまい、もう片方の足だけで立つのです。

くちばしを胸にうずめるようにしているのも同じ理由です。羽毛におおわれていない足やくちばしは、冷えやすいのです。ですから、冬の夜など冷えこむときには、できるだけ、どちらも外に出さないようにしているのです。私たちが、冬になるとコートのポケットに手を入れてしまうのと同じことなのですよ。

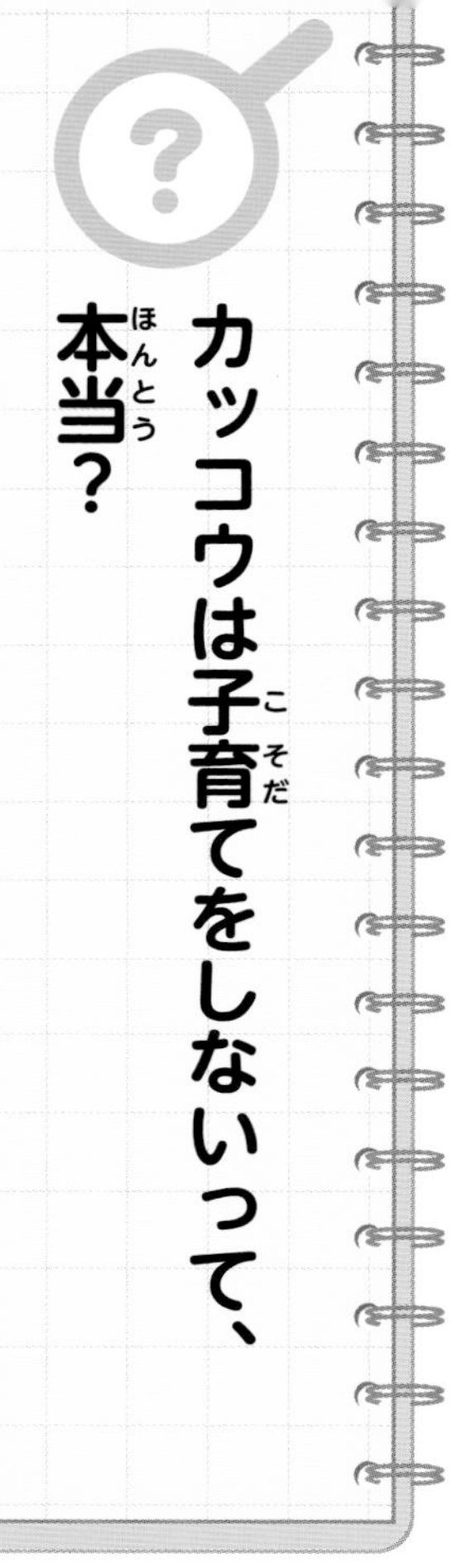

カッコウは子育てをしないって、本当？

カッコウという鳥を知っていますか？　夏になると、南の国からわたってくる夏鳥です。すずしい地方や、高原、山などで「カッコウ、カッコウ」という、よくひびく鳴き声を聞いたことがある人もいるでしょう。カッコウの仲間は、ほかの鳥には見られない、ふしぎな習性をもっています。自分では子どもを育てないのです。では、カッコウの子どもは、どうやって大きくなるのでしょうか？

カッコウは、自分の卵をほかの種類の鳥の巣の中に産んで、ひなを育てさせるのです。これを「托卵」といいます。カッコウのメスは、卵を産む時期になると、モズやホオジロ、オナガなど、托卵しようとする鳥の巣をチェックしています。卵を産んだお母さん鳥が、食べ物を探しにいくなどして巣を留守にしたら、チャンスです。

カッコウは巣に入って、産んである卵を一つだけぬき取ります。そして、自分の卵を一つだけ産みます。そのあとは、何もしません。

もどってきたお母さん鳥は、カッコウが卵を取りかえたことに気づきません。卵の数は前と同じです。しかもカッコウの卵は、托卵をする鳥の卵と、よく似た模様をしているのです。だから、全部自分の卵だと思って温めます。

いちばん最初にかえるのはカッコウの卵です。カッコウのひなは、生まれてすぐだというのに、ほかの卵を自分の背中にのせて、巣の外におし出して捨ててしまいます。

その結果、巣の中はカッコウのひなだけになります。でもお母さんは、毎日せっせとひなに食べ物を運びます。カッコウはわりと大きな鳥なので、子育てをするお母さんよりもずっと大きく育つこともあるのに、やっぱりお母さんは、子育てをやめられないのです。

毎年のように托卵が続くと、お母さん鳥は、だまされていることに気がつくことがあるようです。だんだんカッコウの卵と自分の卵を見分けられるようにな

ごはん〜〜！
カッコウのひな
ほかの卵は落としてしまえ
托卵されたお母さん
大きく育ったカッコウのひな

ります。そして、あやしい卵があったら、捨てるようになってきます。

カッコウにとっては大問題。見分けられないように、もっと似ている卵を産むようになります。また、これまで托卵していなかった別の鳥をねらうようになります。托卵されることに慣れていない鳥は、カッコウが卵を取りかえたことに気がつきにくいようです。

夏になって、「カッコウ、カッコウ」という鳴き声を聞いたら、カッコウと托卵される鳥たちの静かなたたかいを思い出してくださいね。

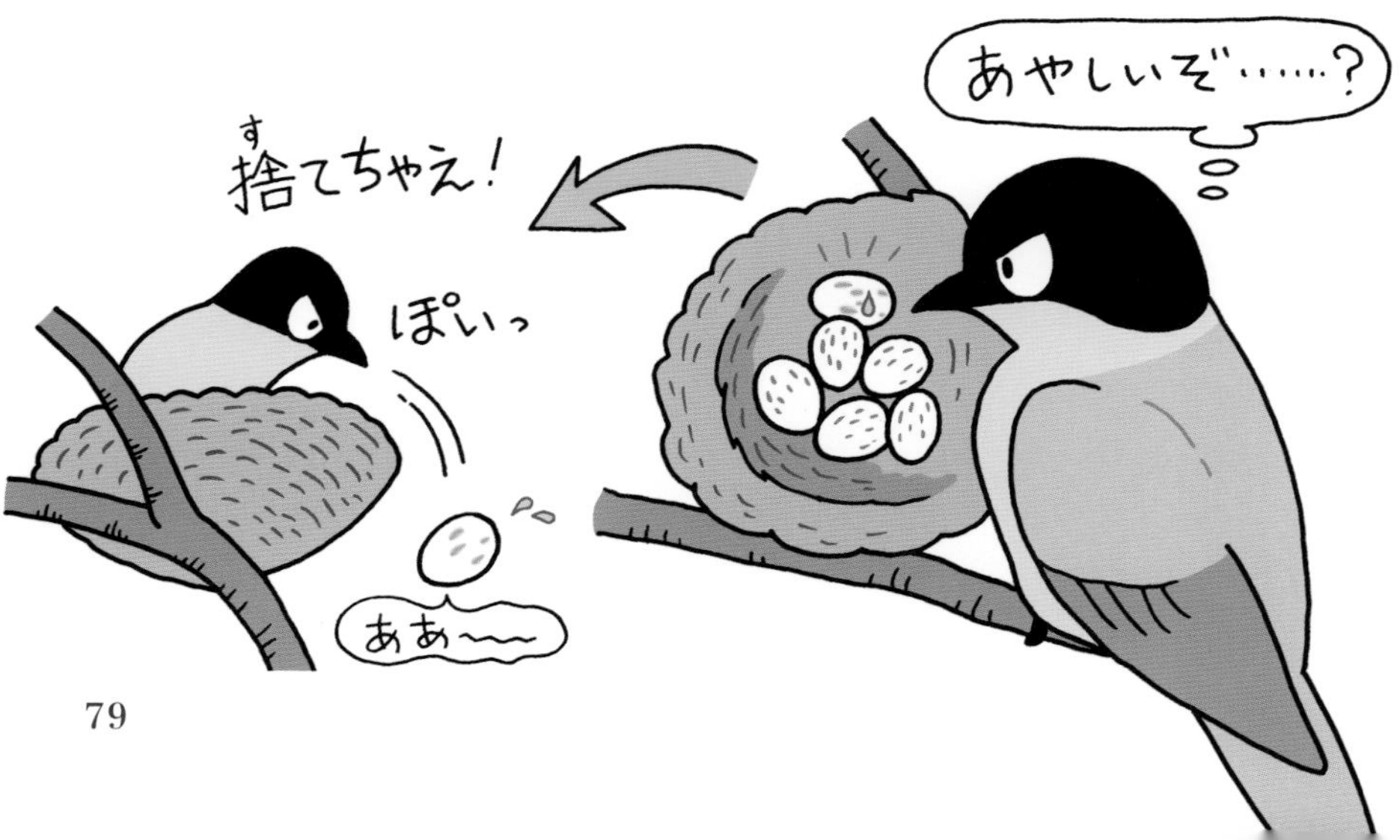

魚も音が聞こえるの？

魚の耳って見たことがありませんよね。からだから出っ張っているものは、泳ぐときにじゃまになります。だから、魚には耳たぶはありません。じゃあ、耳はないのでしょうか？　音は聞こえないのでしょうか？　いえいえ、魚にも音は聞こえています。

生き物のからだで、音を聞くはたらきをするのは、耳の中の「内耳」という部分です。私たちは、耳の穴のおくに内耳があります。魚では、目の少し上のあたりに内耳があります。しかし、外とつながる耳の穴は魚にはありません。耳の穴がないと、音が通っていく道がありません。となると、私たちよりも少し音が聞こえにくいことになります。

耳の穴はなくても、よく音が聞こえるようにウェーバー器官という特別な構造をもっている魚がいます。フナ、コイ、ナマズ、ネオンテトラなどがウェーバー器官をもっています。ウェーバー器官とは、うき袋と内耳が小さな骨でつながっているものです。音は、空気や水がふるえて伝わります。水の中では、水がふるえ

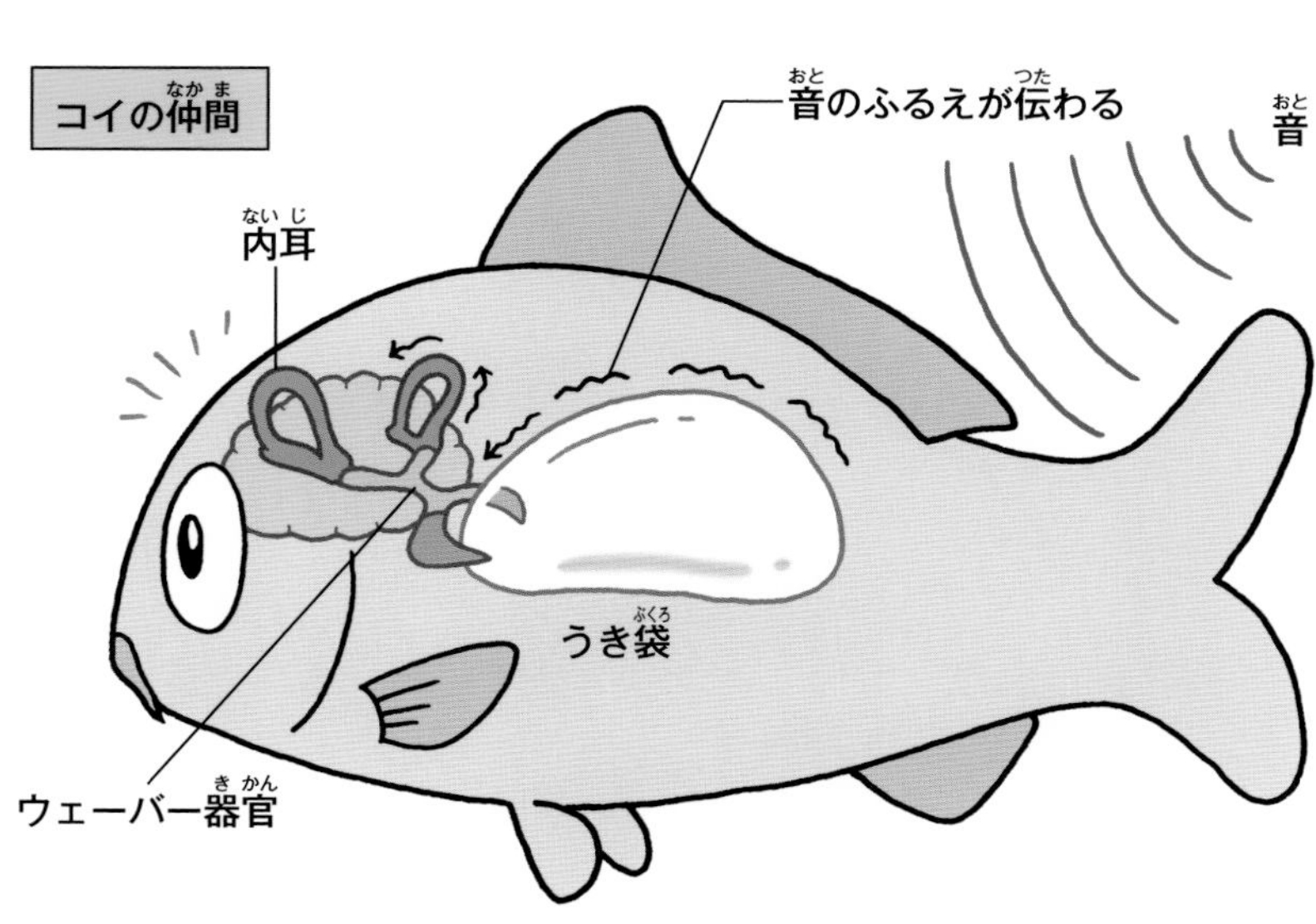

て遠くまで音が届きます。魚のうき袋に届いたふるえは、小さな骨を伝わって内耳に入ります。私たちのからだでは音は耳の穴を伝わっていきますが、コイやナマズでは骨を伝わっていくというわけです。

ウェーバー器官がない魚でも、音を聞いていないわけではありません。魚のえらから、おびれに向かって、側線という器官があります。側線は、小さな穴がすじのように並んだものです。穴のおくには、ごくわずかな水の流れや水の圧力を感じとることができるしくみがあります。水の外でも中でも、音がすれば水がふるえます。ふるえが側線に届けば、魚は音を聞いている

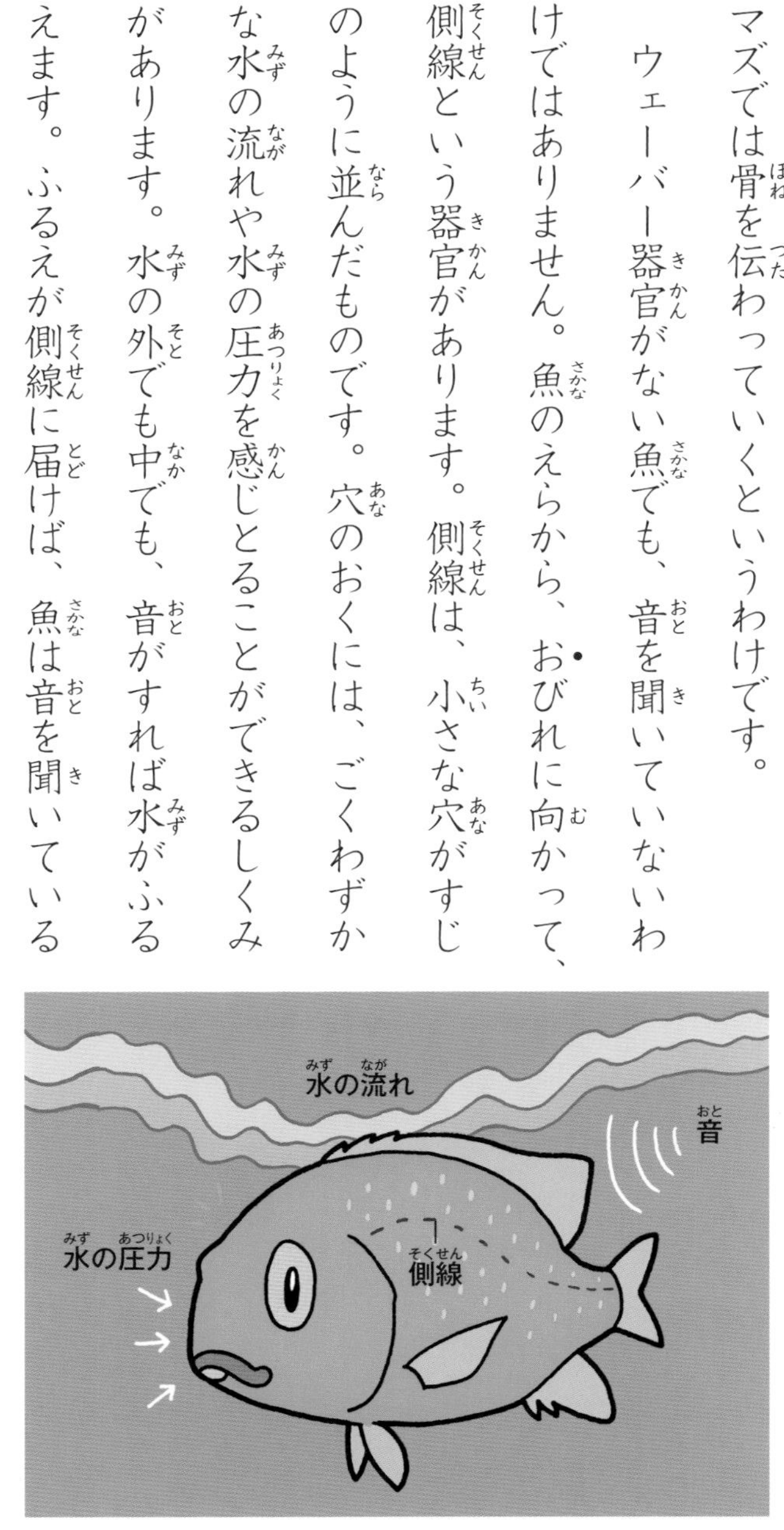

ことになります。側線は、私たちの耳と皮ふがいっしょになったような器官なのです。

ところで、魚って、しゃべると思いますか？　ニベという魚の仲間は、うき袋を利用して「グウグウ」と音を出します。卵を産む場所に集まってきて鳴くので、オスがメスを呼んでいるのではないかと考えられています。もちろん、この鳴き声は、おたがいによく聞こえているのです。

水の中でくらしている魚たちにも、ちゃんと音の世界があるのですね。

オスにもメスにもなれる生き物っているの？

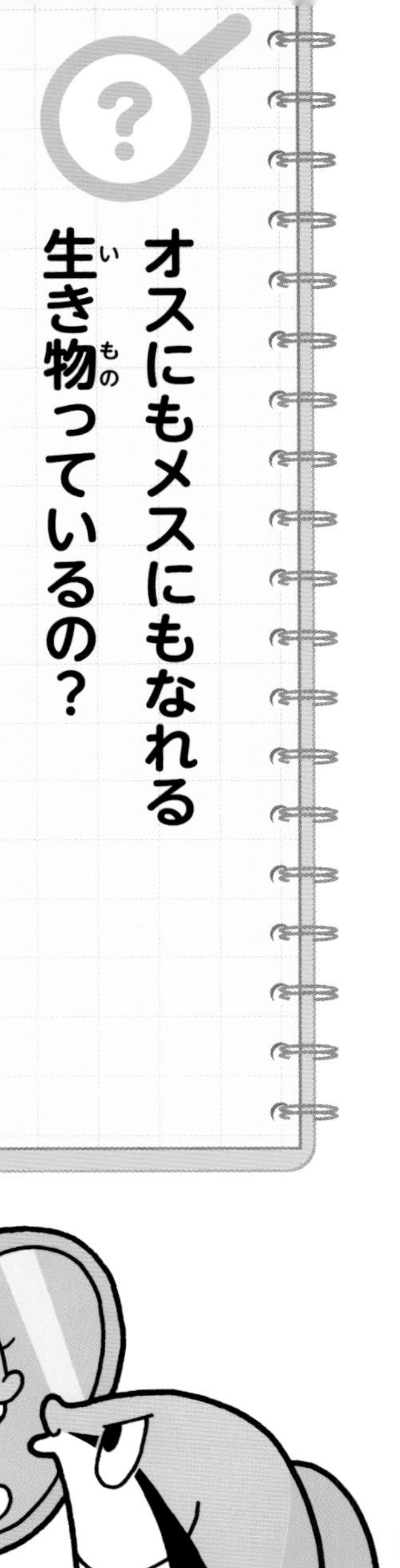

海の中には、成長や群れの状きょうに応じて、メスからオスに変わる、または、オスからメスに変わる生き物がけっこういます。

たとえば、大きな魚のからだについている寄生虫やゴミなどをつついて食べるホンソメワケベラという魚は、メスがオスになります。

ホンソメワケベラは、群れでくらす魚です。成長してからだが大きくなってくると、群れのなかでいちばん大きいメスがオスに変わるのです。オスになったホンソメワケベラは、ほかのメスたちと結こんして、お父さんになります。

もし、お父さんがいなくなったら、残りのメスのなかでいちばん大きなメスがオスのようにふるまいだして、ほかのメスたちと結こんしようとします。もちろん、最初はメスのからだです。でも二週間もたつと、本当にからだの中までオスになってしまいます。このあいだまでお母さんだったけれども、新しくお父さんになるのです。

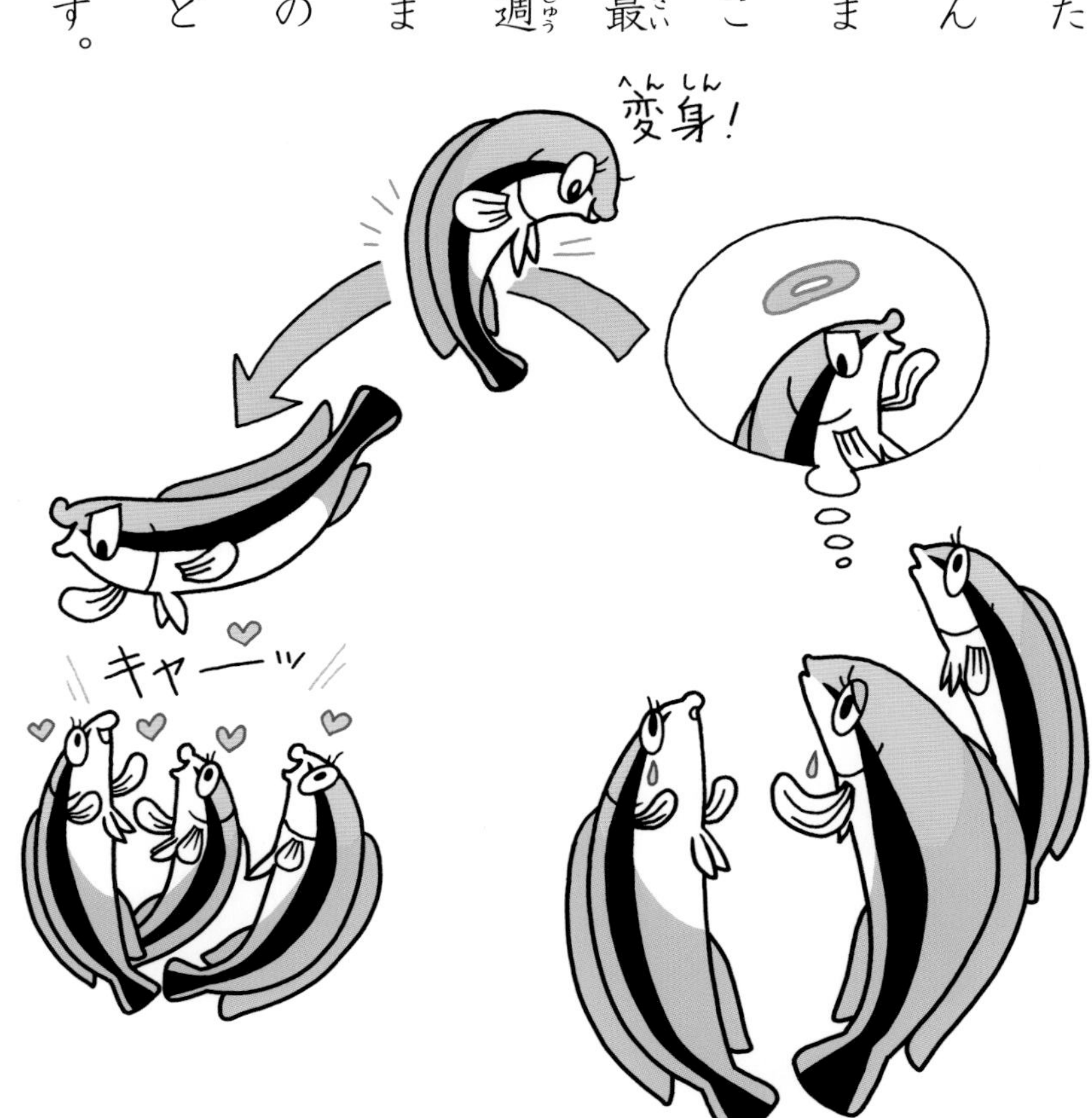

ホンソメワケベラとは反対に、オスがメスになる魚もいます。有名なのはクマノミです。

クマノミは、お父さんとお母さんがイソギンチャクの家でくらす魚です。クマノミは、二ひきのうち、からだが大きいほうがメスになって卵を産みます。からだが大きければ、たくさんの卵を産めます。そのために大きいほうがメスになり、小さいほうはオスのまま、というわけです。

もし、メスがいなくなると、残されたオス

がメスに変わり、群れのなかで二番目にからだが大きいクマノミが、オスになるのです。

ところで、海の生き物といえば、みなさんはエビをよく食べると思います。おさし身やおすしに、甘エビというのがあるでしょう。甘くてつるっとして、おいしいですね。甘エビは、正式にはホッコクアカエビという名前のエビです。このエビは、生まれたときには、みんなオスです。でも、成長していくとメスに変わります。私たちが、おさし身やおすしで食べる大きさの甘エビは、全部メスなのですよ。いろいろな魚やエビを見たときに、オスなのかな？　メスなのかな？　って考えてみるのも、おもしろいですね。

共に生きる生き物たち

たがいに助け合うことを「共生」、相手を利用することを「寄生」といいます。いろいろな動物がどんなふうに関係して生きているか、見てみましょう。

クマノミとイソギンチャク

イソギンチャクには毒がありますが、クマノミはからだから特別な液を出すので平気です。クマノミがイソギンチャクの世話をしているといわれています。

ミツオシエとラーテル

ミツオシエはハチの巣を見つけると、鳴き声などでラーテルというイタチの仲間に教えます。ラーテルが巣をこわしてみつを食べたあと、ミツオシエもみつを食べます。

テッポウエビとダテハゼ

テッポウエビは砂に穴をほってすみかにします。そこにダテハゼもいっしょにすみ、入り口で周りを見張って敵が近づいたら知らせます。

ホンソメワケベラとクエ

ホンソメワケベラは、クエなどの大きな魚のからだについた寄生虫を食べます。大きな魚は、寄生虫がいなくなってすっきりします。

ヤドカリとイソギンチャク

イソギンチャクは毒があるので敵が来てもヤドカリは安全です。イソギンチャクはヤドカリに乗って移動できるし、食べ残しをもらえます。

クロシジミとクロオオアリ

クロシジミというチョウの幼虫は、アリに食べ物をもらって育ちます。アリは、幼虫のからだから出るあまいしるを、もらいます。

ワニとナイルチドリ

ナイルチドリはワニの口の中や背中などにいる寄生虫を食べているといわれています。ワニも気持ちがよいのでチドリを食べることはありません。

特集 ちゃっかりさん編

アリドリとグンタイアリ

グンタイアリは、巣をつくらず地面を行進して、生き物をおそいます。アリドリは、グンタイアリの行進からにげる虫などをつかまえます。

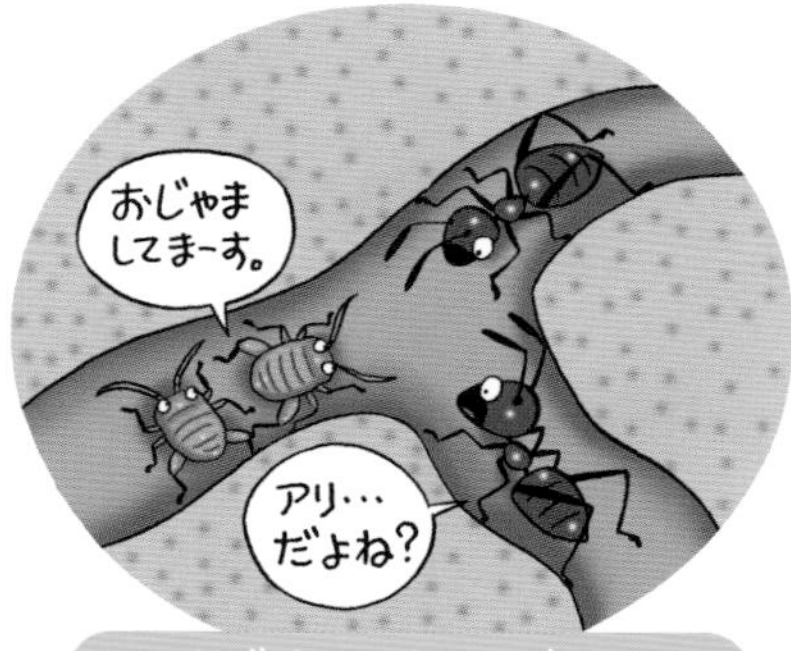

アリヅカコオロギとアリ

アリヅカコオロギはアリの巣でくらします。アリと同じにおいをさせているので、アリには気づかれず、食べ物をもらうこともあります。

イソウロウグモとコガネグモ

イソウロウグモはとても小さなクモです。巣をつくらずに、大きなクモの巣にすんで、食べ残しをもらっています。

アナホリフクロウとプレーリードッグ

アナホリフクロウは穴でくらすフクロウです。プレーリードッグが自分たちのためにほった穴の中に、ちゃっかりとすみついていることもあります。

コバンザメとサメ

コバンザメの頭は強力な吸ばんになっていて、サメなどにくっついて、移動します。また、サメなどの食べ残しを食べています。

カクレガニとアサリ

カクレガニのメスは、子どものときにアサリなどの二枚貝の中に入ります。オスは小さいので、結こんするときだけ貝の中に入りこみます。

ハナビラウオとクラゲ

クラゲのしょく手には毒があるので、ふつうの魚は近よれません。ハナビラウオは毒が平気なので、子どものときはクラゲのしょく手のあいだでくらします。

カツオドリとヒト

カツオドリはカツオなどに追われた小魚がたくさんいると、その上を群れになって飛びまわります。漁師さんはそれを見て、自分たちも魚をとりに行きます。

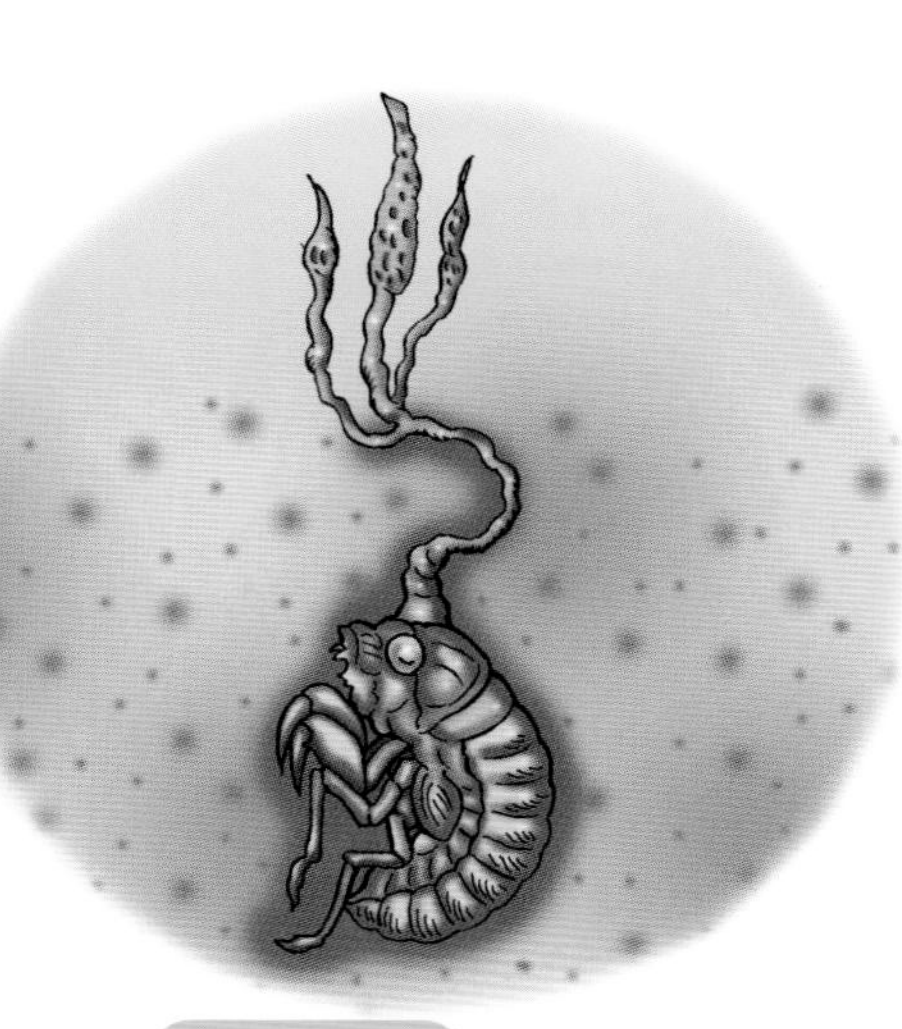

セミタケ

ふつうのキノコは、植物の根やかれ木から栄養分をとりますが、セミタケは、セミの幼虫に寄生して、栄養分をとるキノコです。冬虫夏草といわれるキノコのひとつです。

ほかの木の根から養分をいただいています!
チュウ
チュウ

ラフレシア

世界でいちばん大きな花をさかせるラフレシアは、ブドウ科の木に寄生します。栄養は全部、そこからもらうので、葉はありません。

チョウチンアンコウ

チョウチンアンコウのオスは、メスにくっついて、メスのからだの一部となります。栄養分などすべてをメスからもらって、一生を過ごします。

植物（しょくぶつ）・こん虫（ちゅう）のふしぎ

イラスト／高橋正輝

ソメイヨシノは、もともと一本だったって本当？

春といえば、サクラ。お花見に行ってサクラの木の下でお弁当を食べると、本当に楽しいですよね。特別にお花見に行かなくても、学校の校庭や近所の公園、通学路や川の土手でサクラがいっぱいさいているのを見るだけでも、うきうきしませんか？

日本でいちばん多く見られるのは、ソメイヨシノという品種です。北海道の南部から九州まで、いたるところに植えられています。ところで、このすべてのソメイヨシノは、もとはたった一本の木だったって知っていますか？

日本人は昔から、いろいろな品種のサクラをつくってきました。江戸時代の終わりころ、染井村（現在の東京都豊島区駒込のあたり）の植木屋さんたちは、葉よりも先に、大きくて上品なうすいピンク色の花をつけるサクラをつくりだしました。このサクラがソメイヨシノです。大人気となり、全国に植えられるようになりました。

でも、ソメイヨシノは種ではふえません。種をまいても芽生えないのです。どうやってふやしたのでしょうか？　種でふえない植物をふやすには、いくつかの方法があります。ソメイヨシノの場合は、接ぎ木という方法でふやされました。接ぎ木とは、土台となる別の木に、育てたい木の枝をうめこむ方法です。時間がたつと、接ぎ木をした木と土台の木はつながり合って、一本の木になるのです。

大きく育ったソメイヨシノから枝が切り取られ、根を張ったヤマザクラなどに接ぎ木されます。接ぎ木がくり返され、今では海外にも植えられています。一本の木の一部を取り出して育てたのですから、親にあたる木と子にあたる木は、土台の部分をのぞいて遺伝子がまったく同じです。

遺伝子が同じだと、気候の変化に対する反応も同じになります。サクラは一定の期間、寒い日が続くと、花をさかせる準備がととのいます。その後、また一定の期間、暖かい日が続くと花がさきます。同じ地域では気温の変化が同じですから、そこに生えているソメイヨシノは、いっせいに花をさかせます。だから、お花見シーズンに、町や公園の中のソメイヨシノがみんないっしょにさくのです。

ただし、病気へのていこう力もみんな同じ。一本の木が伝染する病気にかかると、周りにもいっせいに病気がうつってしまいます。公園など一か所にいっぱいソメイヨシノがあるところでは、病気には、よく注意しなければなりません。

私たちの町のソメイヨシノも、海外でさいているソメイヨシノも、江戸時代のソメイヨシノと同じ遺伝子、同じ花です。染井村の植木屋さんがタイムマシーンに乗って現在にやってきたら、とてもおどろいて、喜んでくれるでしょうね。

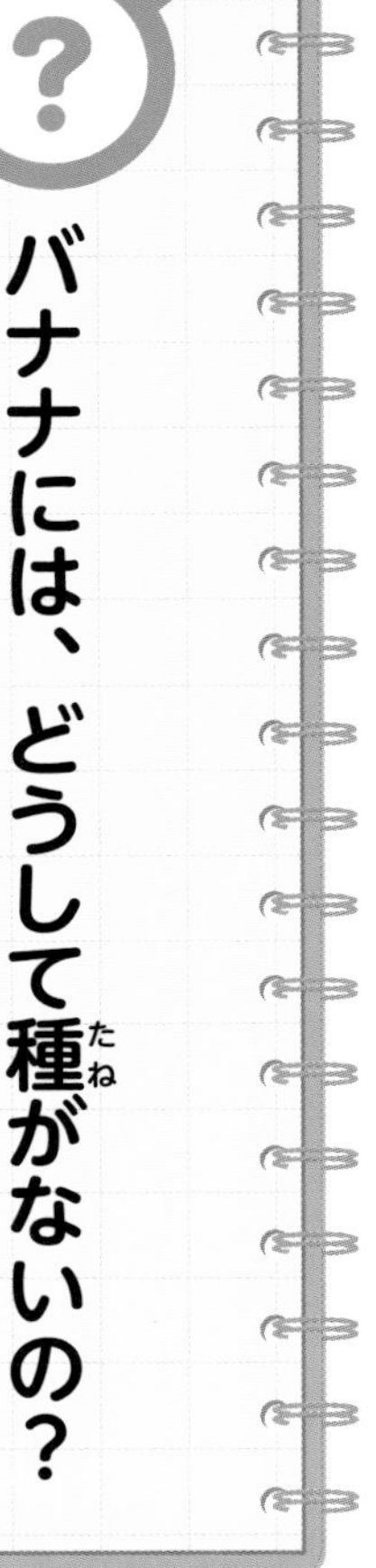

バナナには、どうして種がないの？

バナナ大好き！　あまくておいしいし、皮をむくのも簡単だし、種がないから、ぱくぱくと食べられるんだもん！　おや、バナナには種がない？　では、どうやってバナナをふやしているのでしょうか？

バナナは暑い地方でとれるくだものです。バナナにも花がさきます。花をつける枝がたれて、紫色のほうという部分ができます。ほうが一枚めくれると、そこに花がさいています。ほうの上のほうにめ花がさき、下のほうにお花がさきます。め花にある子房という部分が大きくふくらむと、バナナになります。でも、

種ができることはありません。どうしてでしょうか？

私たち生き物のからだは、父親と母親から一セットずつの遺伝子を受けついでいます。遺伝子が二セットになっているので、「二倍体」といいます。

動物も植物も、精子（植物では花粉）と卵（植物でははいのう）ができるときには、細胞が遺伝子を半分に分けるように分れつします。そのため、遺伝子のうち、一セットだけをもった精子と卵ができるのです。精子と卵が受精すれば、もとの二倍体にもどるわけです。

ところが何かの原因で、細胞の中の遺伝子が三セットになってしまうことがあります。これを「三倍体」といいます。遺伝子が三セットだと、半分に分けることができませんね。だから三倍体の細胞は、受精できるような精子と卵をつくれなくなってしまうのです。

野生のバナナは、遺伝子を二セットもった二倍体なので、種をつくることができます。ところがあるとき、三倍

[野生のバナナ]

遺伝子が２セットの二倍体

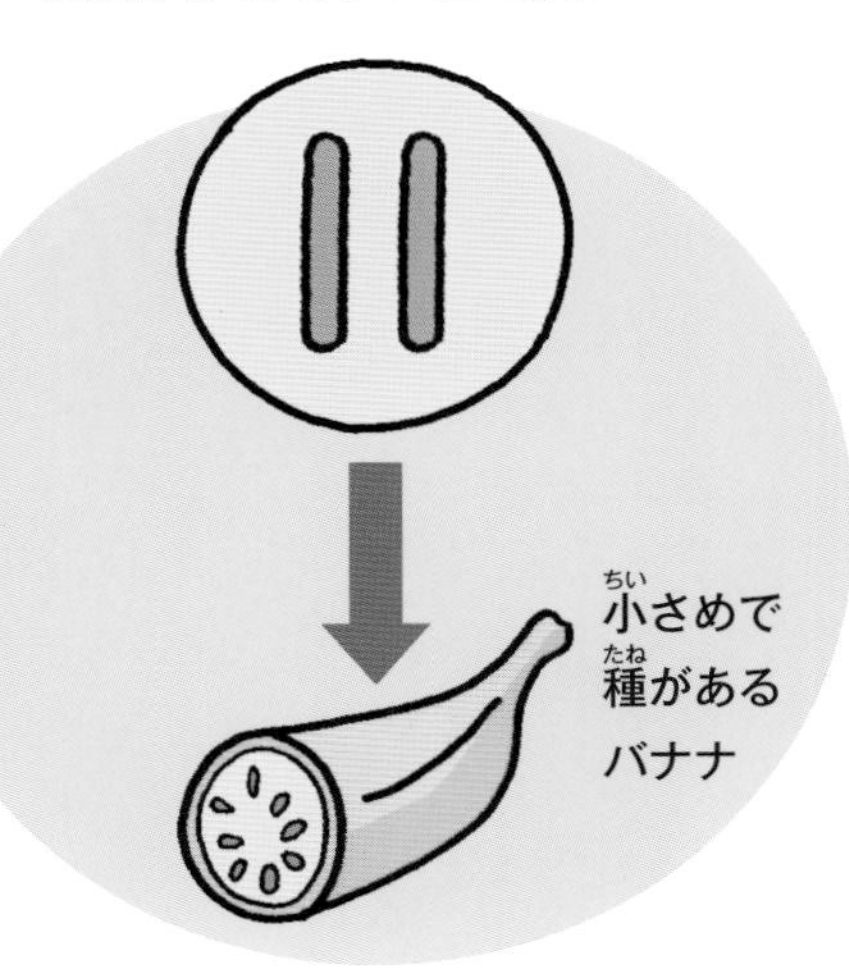

[食用のバナナ]

遺伝子が３セットの三倍体

体のバナナが見つかったのです。受精できる精子と卵をつくれないので、種はできません。でも、め花の子房はちゃんとふくらんで、大きな食べられる実をつけることができました。このバナナが大事に育てられて、おいしい実をつけるように改良され、今、お店で売っているバナナができたのです。

種ができなくてもバナナはふやせます。バナナには実をつけたあと、根もとから「吸芽」とよばれる新しい芽が出てきます。吸芽を切りはなして、ほかのところに植えると、ちゃんと育って、またバナナを実らせます。

バナナをたてに切ってみると、中央にすじが通っています。これは種ができる部分の名残りです。東南アジアでは、野生のバナナに近い、種をつけるバナナも食べられていますよ。

秋になると、葉が赤色や黄色になって、落ちてしまうのはなぜ？

「もみじがり」という言葉を聞いたことがありますか？

秋、山や林で紅葉を見て楽しむものです。山全体が赤や黄色に染まっていることもあり、日本の秋って、きれいだなあと感心しますよね。

木のなかには、一年中、緑色の葉っぱをもっているものと、冬には葉っぱが落ちるものがあります。葉を落とす木のなかには、秋になると、葉の色を赤や黄色に染めるものもあります。でも、葉っぱが緑色なのは、日光によって二酸化炭素と水から酸素とでんぷんをつくる光合成を行うためですよね？　なぜ、緑色から赤色になってしまったのでしょうか？　そして、どうして大事な葉っぱを落としてしまうのでしょうか？

光合成をするためには、日光をたくさん浴びなければなりません。そのために、葉はうすく大きく広がっています。すると、ちょっとした弱点ができます。水が蒸発しやすくなってしまうのです。

日本では、秋から冬にかけて雨の量が減ってきます。雪が降っても、とけないと水として使えません。空気中や土の中の水分が少なくなり、かんそうしてきます。葉からどんどん水が蒸発してしまうと、根がいくらがんばっても、水を補うことができません。水がなくなったら、植物はかわききって死んでしまいます。

「水がなくなったら死んでしまう。冬は太陽の光も弱いから、光合成もたくさんはできない。葉っぱはあきらめよう」というのが、葉を落とす植物が選んだ、かんそうした冬を生きぬく方法です。

葉を落とす植物では、秋になると、葉と枝のつけ根に、「離層」という仕切りがつくられます。植物には、水やでんぷんを通すパイプが、葉、茎、幹、根と通っています。でも、離層ができると、このパイプが閉じられます。もう、葉には水が届けられません。やがて葉っぱは

カサカサにかわいて、離層からぽつりと切りはなされてしまいます。

では、葉が黄色になるしくみはどうなっているのでしょうか。秋になると、葉緑体はだんだん分解されていきます。葉緑体には葉緑素（クロロフィル）がふくまれています。葉緑素というのは、緑色の色素です。葉緑素がこわれるために、葉の緑色が消えていくのです。ただ、葉緑体の中には、黄色の色素であるカロテノイドもあります。カロテノイドは葉緑素よりも、こわれるのが少しおそいのです。先に葉緑素が分解されてしまい、カロテノイドが残ると、葉っぱが黄色になります。

赤くなるしくみは、これとはちがいます。離層ができるころ、葉の中では、アントシアニンという色素ができてきます。離層ができて、葉に糖（でんぷんが化学反応によって細かくなったもの）がたまると、つくられるといわれています。

アントシアニンは赤い色素なので、葉がだんだん赤くなっていくのです。

やがて、葉緑体はすべてこわれ、葉全体がかれて、木から落ちていきます。

葉っぱを落とした木は、冬みんをしているようなものです。春になったら花や葉になる芽をすぐに出せるように準備をして、じっと春を待つのです。

メスそっくりのオスのトンボの結こん事情って？

夏から秋にかけて、空を飛んでいるトンボを見ることも多いでしょう。みなさんが思いうかべるのは、ギンヤンマやアキアカネでしょうか。しかし、夏の初めにきれいな川に行くと、カワトンボという、もっとスマートなトンボがいます。このカワトンボの仲間のうち、ニホンカワトンボという種では、オスの羽はオレンジ色、メスの羽はとう明です。オスとメスはすぐに区別がつきますね。

トンボのメスは、水の中に卵を産みます。だから、ニホンカワトンボのオスは、メスが卵を産みに来る川べりになわばりをもちます。自分のなわばりに入ってきたメスと結こんして、卵を産んでもらうためです。メスはどこにでも卵を産むというわけではありません。川の中にかれ木やかれ草がかかっているところなど、「あそこで卵を産みたい」というポイントがあります。そこでオスは「ここなら、たくさんのメスが来るぞ！」と思う場所を選んで、自分のなわばりにします。自分のなわばりにほかのオスが入ってきたら、すぐに飛んでいって追いはらいます。ニホンカワトンボの結こんシーズンには、川のあちこちでオスがオレンジ色の羽のあざやかさをおたがいに見せつけるようにして、なわばり争いをしています。

　さて、ここで第三のトンボの登場です。ニホンカワトンボには、とう明な羽をもっているオスもいるのです。このオスは、ちょっと見ただけではメスにしか見えません。そのためオスのなわばりに近寄ってきても、「あれ、メスが来たかな？」とかんちがいされるので、追いはらわれないのです。そこへ、結こん相手を探してメスがやってきます。ところが、なわばりの持ち主よりも先にメスを見つけたとう明の羽のオスは、いちはやくメスに近づいて、結こんしてしまうことがあるのです。なわばりオスは、メスのふりをしたオスにだまされてしまったというわけです。

　このトンボでは、なわばりをもつオレンジ色の羽のオスも、メスのふりをするとう明な羽をもつオスも、どちらも結こんできるのですね。

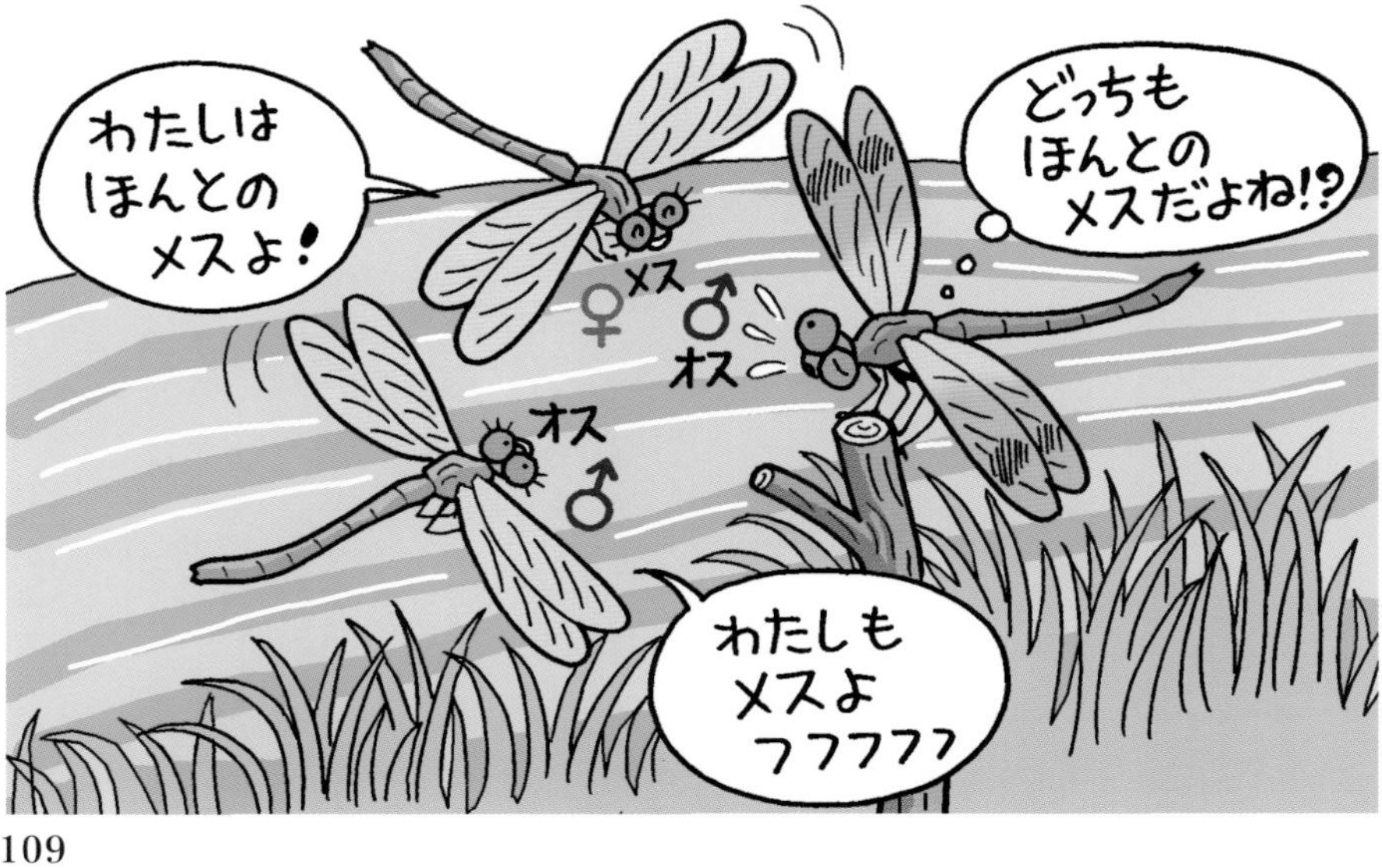

チョウは、うんちのしるも吸うの？

花から花へと飛びまわるチョウ。チョウといえば、花のみつを吸って、きれいなイメージの生き物ではないでしょうか？　しかし、チョウは花のみつばかりを吸っているのではありません。チョウは水たまりなどの水もよく吸います。水分をとるためと、水の中のミネラルなどの栄養分をとるためです。

チョウのなかには、林の中でくらしているものもいます。たとえば大きくて紫色の羽がきれいなオオムラサキなどは、林にいます。林にすむチョウは、木の幹や枝からしみ出る樹液や、うれてやわらかくなった、くだもののしるを吸っていることが多いのです。

そして、「ええっ、きたない！」とおどろくかもしれませんが、動物の死体やうんちからもしるを吸います。動物のうんちは、ミネラルなどの栄養がたくさんふくまれているのです。

ところで、チョウがおしっこをするのを見たことはありますか？　ちょろちょろとするのもいるし、勢いよくぴゅーっと出すチョウもいます。また、水たまりでせっ

水たまりの水を吸いながら、おしっこをするアオスジアゲハ

地面の水を吸うキチョウ

せと水を吸いながら、おしりから、どんどん水を出すチョウもいます。水を吸うのと、おしっこを出すのを同時にやっているのです。これをチョウの「ポンピング」といいます。アオスジアゲハなど身近にいるチョウでも、ポンピングをしているところを見ることができますよ。

チョウがなぜポンピングをするのかは、よくわかっていません。水を飲んで、すぐにからだから出すことで体温を下げている、

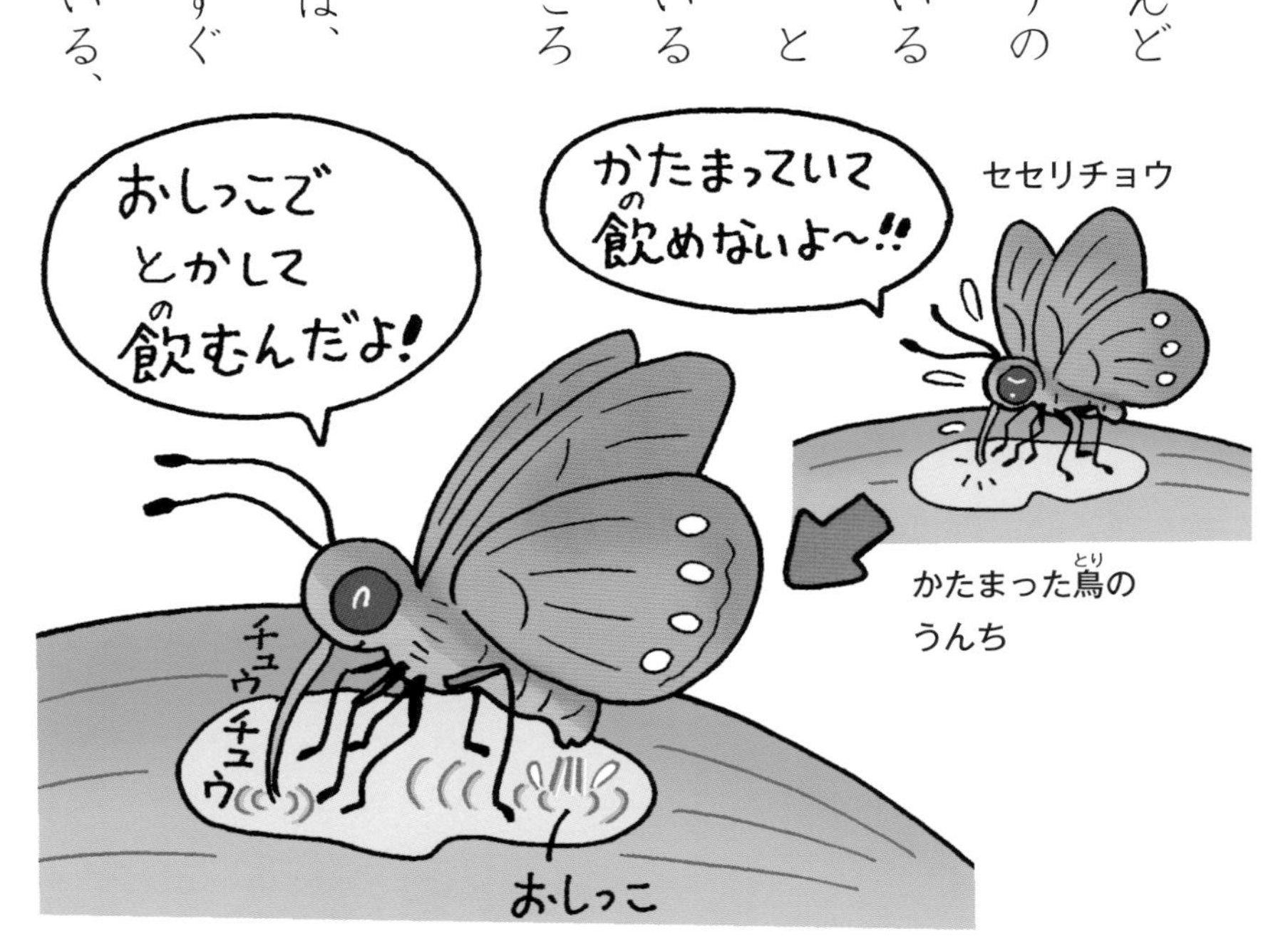

または、ミネラルなどの栄養分だけを吸収して余分な水を捨てているなどの理由が考えられています。

セセリチョウという小さなチョウがいます。羽は茶色や黄土色で、地味な目立たないチョウです。花のみつも吸いますが、鳥のうんちのしるも吸います。鳥のうんちには栄養分がふくまれています。でも、うんちがかわいてかたまっていると、ストローのようなチョウの口ではしるを吸いこむことはできません。

ここでポンピングの出番です。セセリチョウは、かたまった鳥のうんちにおしっこをかけます。自分のおしっこで、うんちをとかして吸うのです。おしっこも、うんちも、使えるものはなんでも使って、セセリチョウは栄養をいっぱいとっているのですね。

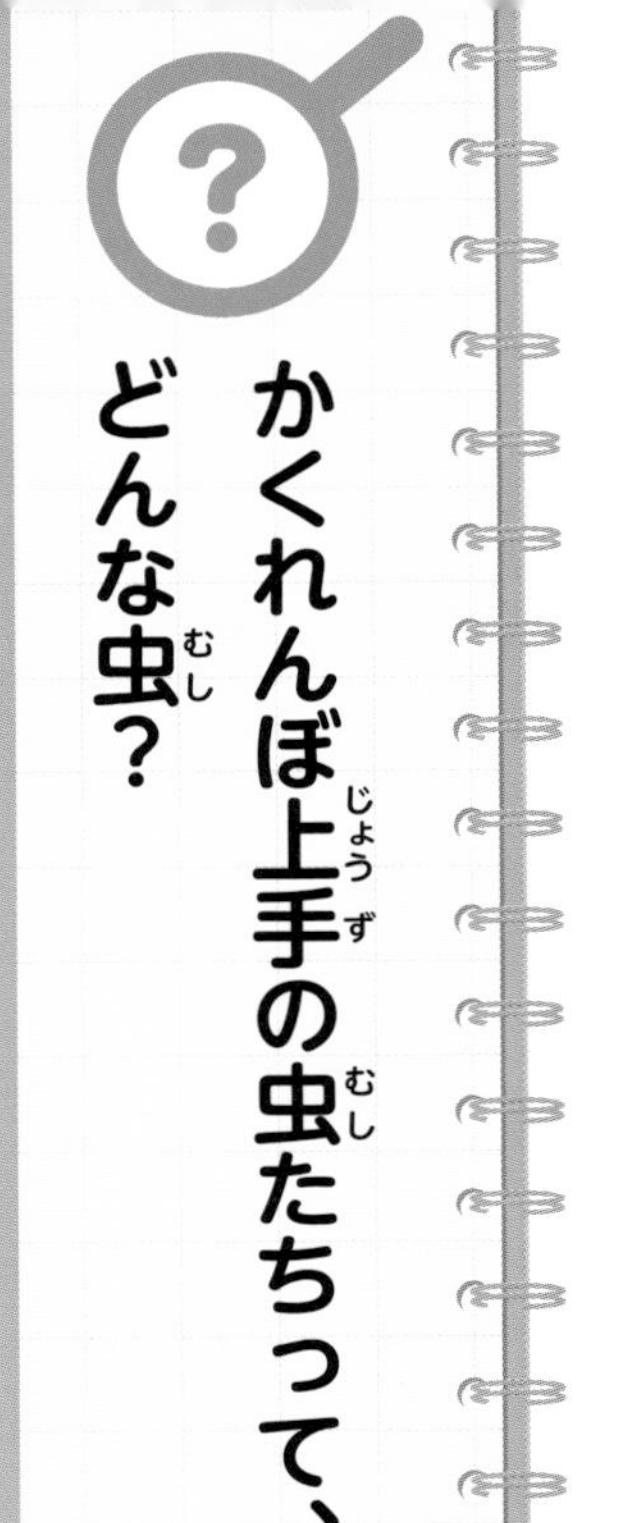

かくれんぼ上手の虫たちって、どんな虫？

空き地や公園にある草むらや木の上で、虫を見つけたことはありますか？「ないよ、だって虫なんかいないよ」なんて、いわないで。じつは、草や木の枝にそっくりの色や形をした虫が、かくれていることがあるのです。あまりにもそっくりなので、見つけられなかったのかもしれませんよ。

自分ではない、何かほかのものと、そっくりの形や模様をしていることを「擬態」といいます。擬態は、こん虫に多く見られます。

擬態にはいくつかのタイプがあります。まず、背景とそっくりになるタイプ。

たとえば、緑色で細長いからだのバッタがいますね。葉の上でじーっと動かないでいると、どこが葉っぱで、どこからがバッタか、わからなくなってしまいます。こうしていれば、バッタを食べる鳥などが来ても、すぐには見つかりません。バッタは敵に食べられないように擬態しているのです。
チョウの幼虫には、黒色や茶色の中に、白色がまだらになった模様のものがいます。しかも、なんだかねっとりとして見えます。

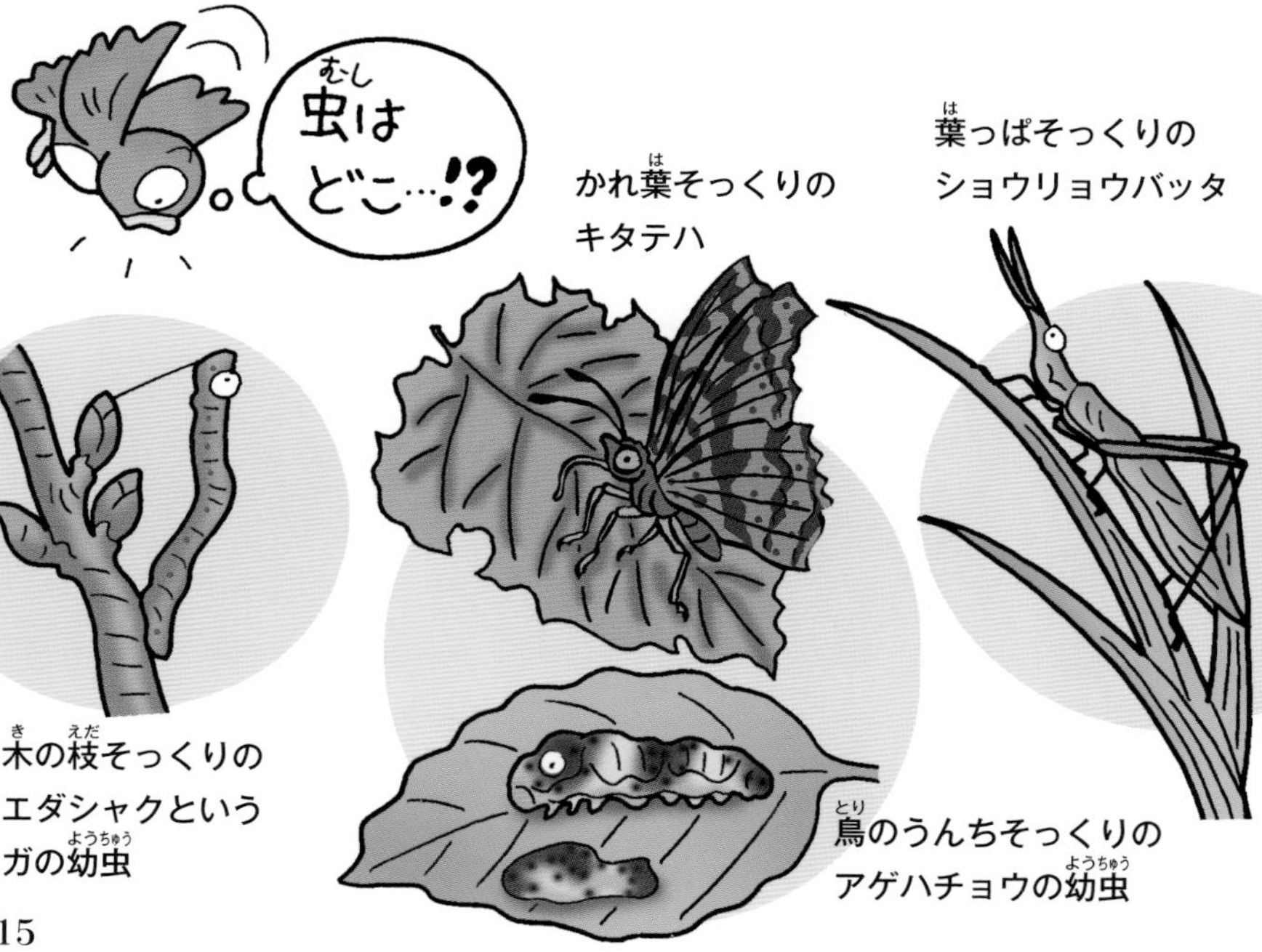

虫はどこ…!?

かれ葉そっくりのキタテハ

葉っぱそっくりのショウリョウバッタ

木の枝そっくりのエダシャクというガの幼虫

鳥のうんちそっくりのアゲハチョウの幼虫

これは、鳥のうんちに擬態しているのです。鳥のうんちが葉っぱに落ちているのは、よくあることです。だから、敵が来ても「なーんだ、うんちか」と気づかれないのです。

ガの幼虫では、木の枝に擬態しているものがいます。細長く茶色になっていて、枝の節やでこぼこまであります。なかには、わざわざ枝からつき出て、からだのポーズまで枝そっくりにするものもいるのです。

ガやチョウには、木の幹やかれ葉そっくりの羽をしているものがいます。色がそっくりなだけではなく、かれ葉の筋や葉の形までも、そっくりにまねしているものもいます。じっくり見ても、チョウやガの姿を見つけることができないほどです。

次に、ほかの虫とそっくりになるタイプの擬態があります。たとえば、毒針をもったハチや、毒をもったチョウとそっくりの姿になるのです。鳥が「あいつは危険だぞ、食べたらダメ！」と思ってくれれば作戦は成功です。自分では毒も針ももっていないから、ちょっとずるいかな？

今度、公園や山に行ったら、虫たちの擬態作戦を見破れるかどうか、勝負してみましょう。なお、擬態をするのは虫だけではありません。いろいろな動物が、擬態作戦を行っているのですよ。調べてみましょう。

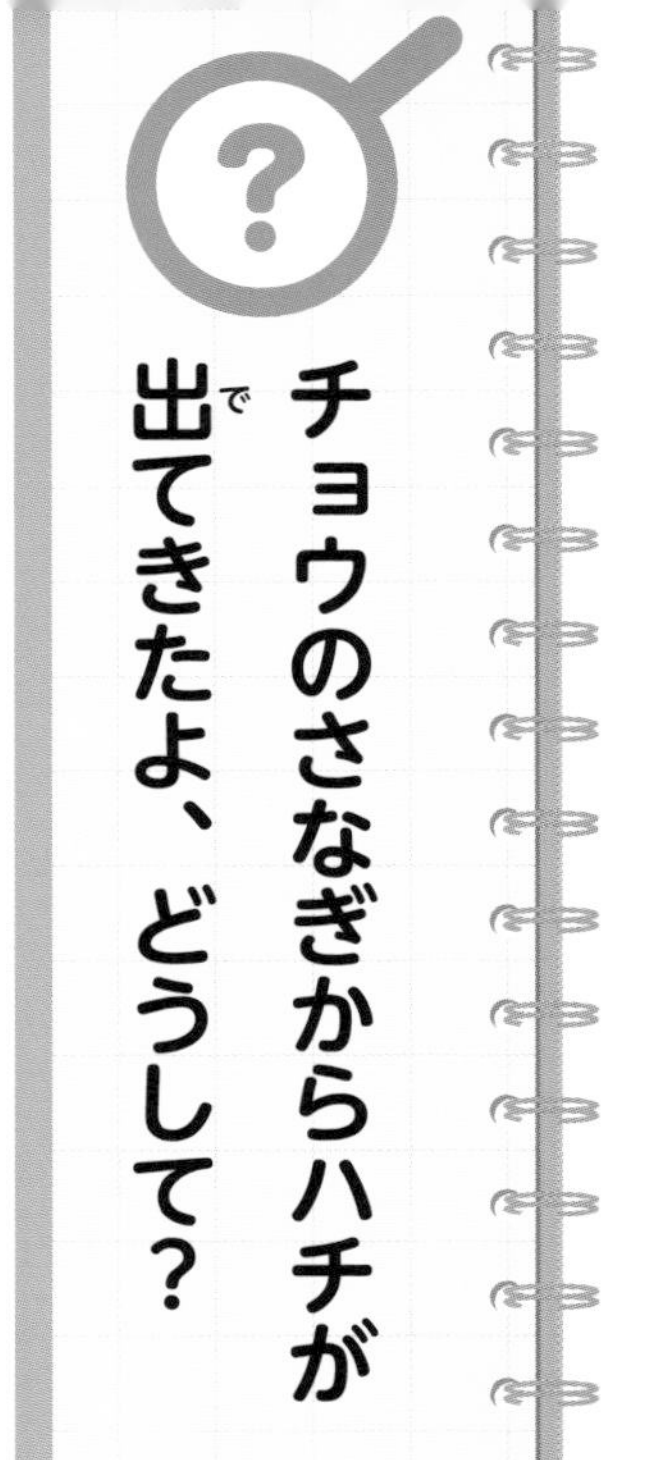

チョウのさなぎからハチが出てきたよ、どうして？

春、キャベツ畑でさなぎをとってきて、白いモンシロチョウになるのを楽しみに観察したことはありませんか？　でも、ある朝見たら、空っぽのさなぎの近くにハチがいます！　チョウではなくて、ハチが出てきてしまったのです。モンシロチョウだと思っていたけれど、ハチのさなぎだったのでしょうか。

いいえ、飼っていたのは確かにモンシロチョウのさなぎだったのです。ただ、そのさなぎは、ハチに寄生されていたのです。

「寄生」とは、ある生き物が別の生き物にたよりきってくらすことです。寄生はさまざまな生き物に見られますが、ハチの仲間には、寄生バチとよばれるものがいます。チョウやガ、ハエなど、ほかのこん虫の卵や幼虫、さなぎ、成虫にまで、自分の卵を産みつけるハチです。卵からかえったハチの幼虫は、自分の周りのこん虫のからだを食べて育ちます。卵を産みつけられても、そのこん虫はすぐには死にません。ですから、寄生したハチにとっては、食べ物がくさることはないのです。

たとえば、アオムシコバチという寄生バチは、さなぎになりそうなアゲハやモンシロチョウの幼虫（アオムシ）を見つけると、近くで様子をうかがいます。そして、さなぎになると、すぐに産卵管をさして卵を産みます。ハチの幼虫は、さなぎの中身を食べて育ちます。最後は成虫になって、さなぎから出てくるのです。

また、アオムシコマユバチというハチは、モンシロチョウの幼虫に卵を産みつけます。卵からかえったハチの幼虫は、アオムシのからだの中身を食べて成長します。十分に大きくなると、アオムシのからだを食いやぶって外に出てくるのです。

また、こん虫ではなく、植物に寄生するハチもいます。とくにタマバチというハチが寄生したところには、ちょっとおもしろいものができます。

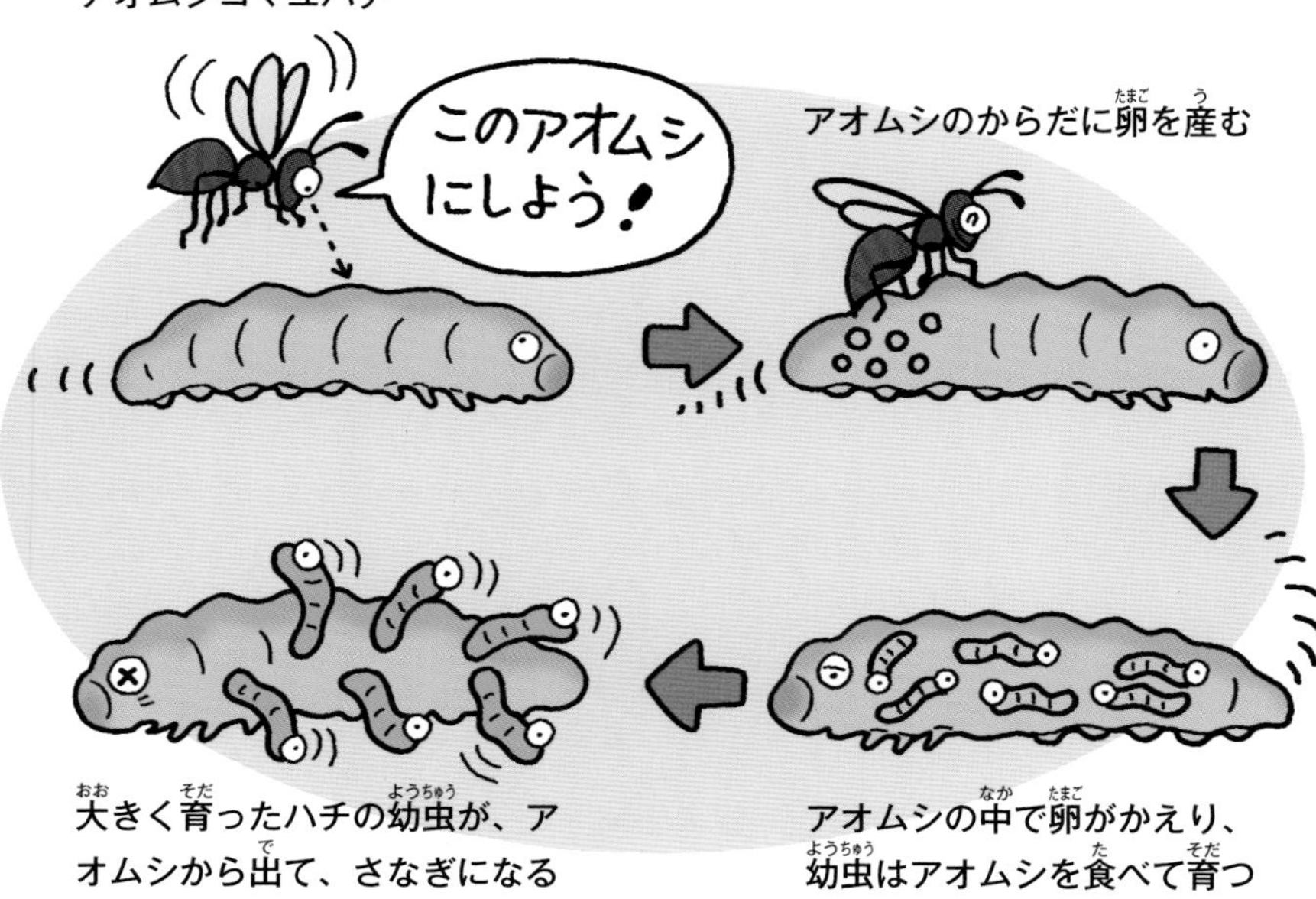

タマバチの仲間は、クヌギやコナラなどの葉や芽に卵を産みます。すると、その刺激で植物がぷっくりとふくらんで、こぶのようになることがあります。これを「虫こぶ」といいます。卵からかえった幼虫は、虫こぶの中を食べて育ちます。食べ物はたくさんあるし、幼虫をねらう鳥などに見つかることもないですし、とても安全なのです。

いろいろな寄生がありますが、寄生するハチにとっては、これが安全に子どもを育てるいちばんの方法なのです。ハチが出てきても、おこらないで、にがしてあげてくださいね。

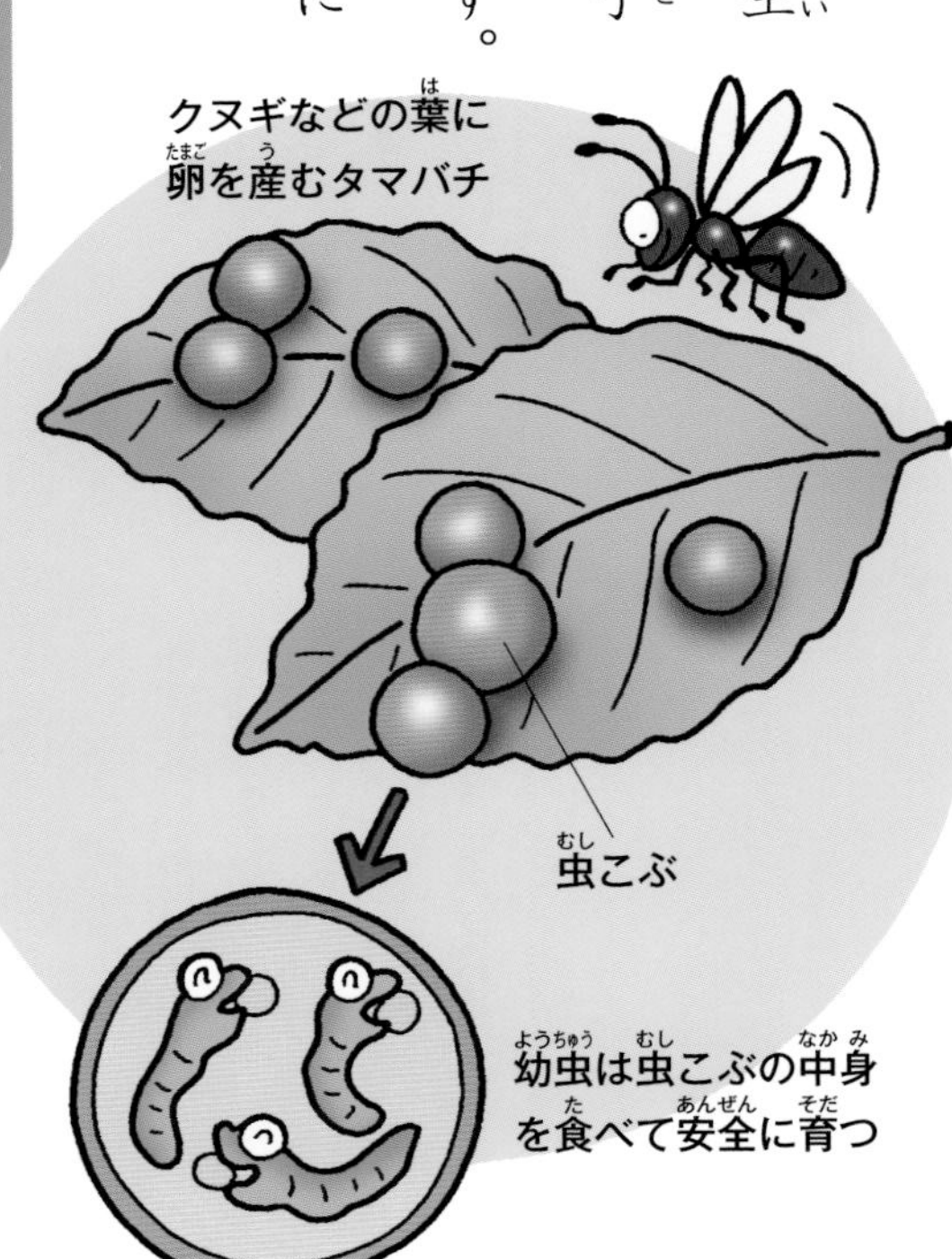

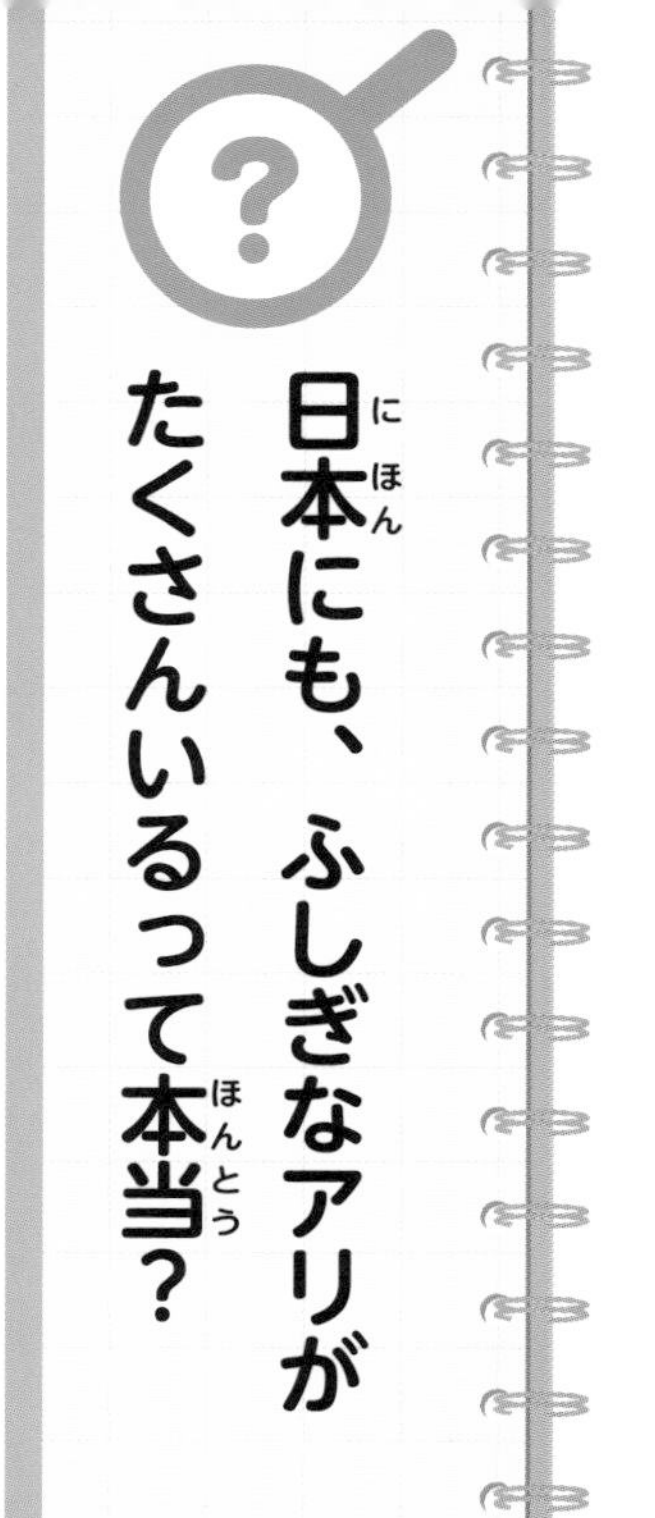

日本にも、ふしぎなアリがたくさんいるって本当？

アリを見たことがない人はいないと思います。アリの行列を見かけたら、あとをたどってみましょう。地面に小さな穴があります。アリの巣への入り口です。アリの巣で卵を産むことができるのは、女王アリだけです。そのほかのたくさんの働きアリは、食べ物を運んできたり、トンネルをほって巣を大きくしたり、女王が産んだ卵や子どもの世話をしたりしています。冬になると、巣にこもって、ほとんど活動しないでじっとしています。アリの種類はとても多く、世界中に一万種以上います。日本だけでもおよそ二百八十種がいます。これだけ多いと、思

いもよらない変わった習性をもつアリが見つかります。

クロナガアリは、秋だけはたらきます。主な食べ物はエノコログサなどのイネの仲間の実です。秋になるといっせいに外に出て、一年分の食べ物を集めるのです。クロナガアリはとても深いところまで巣をつくります。ですから、冬のあいだもあまり巣の中の温度が下がりません。ほかのアリとちがって、冬も巣の中で活動して、ためこんだ草の実を食べています。イソップ物語の『アリとキリギリス』で、冬でも楽しく過ごしていたアリはクロナガアリといわれています。

サムライアリは、アリの世界の暴れんぼうです。集団でクロヤマアリの巣におしかけて、するどくて大きいあごで攻撃します。そして、クロヤマアリのさなぎや幼虫をうばってきます。成虫になったクロヤマアリは、サムライアリの働きアりになります。そして、卵や幼虫の世話から食べ物探しまで、一生サムライアリのために働き続けます。

巣の中で、チョウを育てるアリもいます。クロオオアリは、クロシジミというチョウの幼虫を見つけると、自分の巣の中に運びます。そして、口移しで食べ物を食べさせてやります。クロシジミの幼虫は、アリが好きなしるを出します。クロオオアリはそのしるを食べるのです。

私たちが、家の中でウシを飼ってミルクをもら

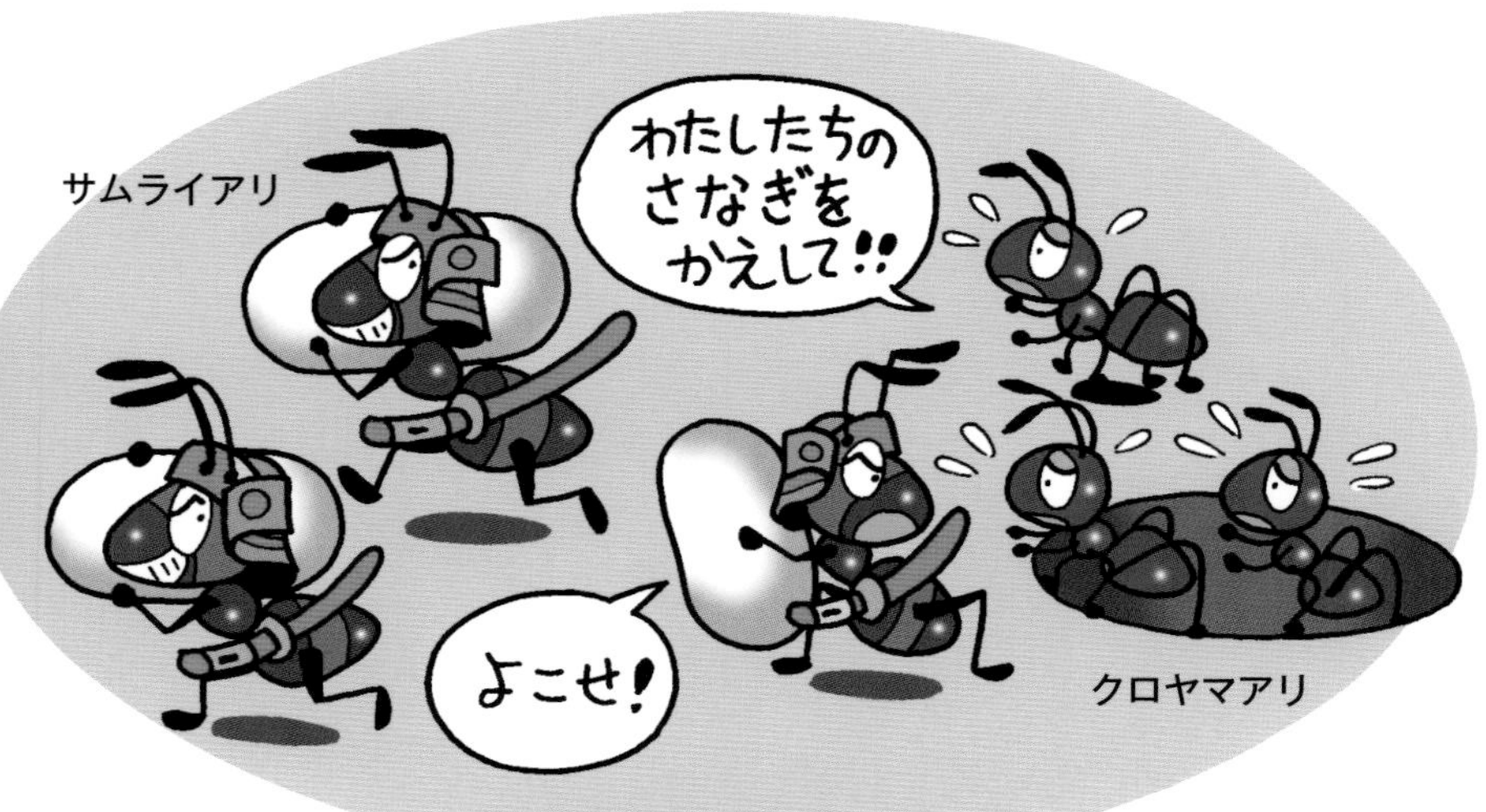

うようですね。クロシジミの幼虫はアリの巣の中でチョウになって外に出ていきます。

　ヒラズオオアリというアリは、土の中に巣をつくりません。かれた枝にあいている穴を、巣に利用します。ヒラズオオアリの働きアリのなかには、からだが大きくて、正面から見ると、頭が平たくなっているものがいます。この働きアリは、巣の入り口にぴたりと頭を当てています。なんと、自分の頭をドアにしているのです。食べ物探しなどからもどった働きアリは、「開

ヒラズオオアリ
トントン
トントン
入り口を開けて！

けて」と、触角でトントンとドアをたたきます。するとドア係は、入り口からどいて、働きアリを通します。自分たちの仲間以外のものが来ても、けっしてドアを開けません。

いくつもの巣がつながって、全体が一つの大きな巣になるアリもいます。そういう巣には、女王アリがたくさんいます。一九七〇年代、北海道の石狩海岸にはエゾアカヤマアリがつくった四万五千の巣からなる大きな巣がありました。巣の中には、百万びきもの女王アリと三億ひき以上の働きアリがいました。この巣は、世界で最も大きな巣ともいわれていましたが、今は小さくなっています。

アリは、とても身近なこん虫ですが、調べれば調べるほど、おどろくことがいっぱいです。足元を科学のふしぎが歩いているようですね。

クモはなぜ、自分の巣にくっつかないの？

クモの仲間には、ねばねばした糸で、あみのような巣をつくるものがいます。虫が飛んできて巣に引っかかったら、それをつかまえてしまいます。クモの巣を見つけたら、さわってみましょう。手にねばねばとくっつきますね。確かにこれでは、小さな虫は巣からにげられません。でも、ちょっと待って。クモは、巣の上をちょこちょこと歩いています。どうして、ねばねばに引っかからないのでしょうか？

じつは、クモの巣の糸には、ねばねばした糸と、ねばねばしていない糸があるのです。クモは、自分が巣の上を歩くときには、ねばねばしない糸の上だけを歩くのです。

クモが巣をつくっていたら、観察してみましょう。まず、巣のいちばん外側のわくをつくります。それから、巣の中心とわくをつなぐまっすぐの糸を張ります。この糸を縦糸といいます。次に、巣の中心から外側に向かって、ぐるぐるとうずまきのように糸を張り

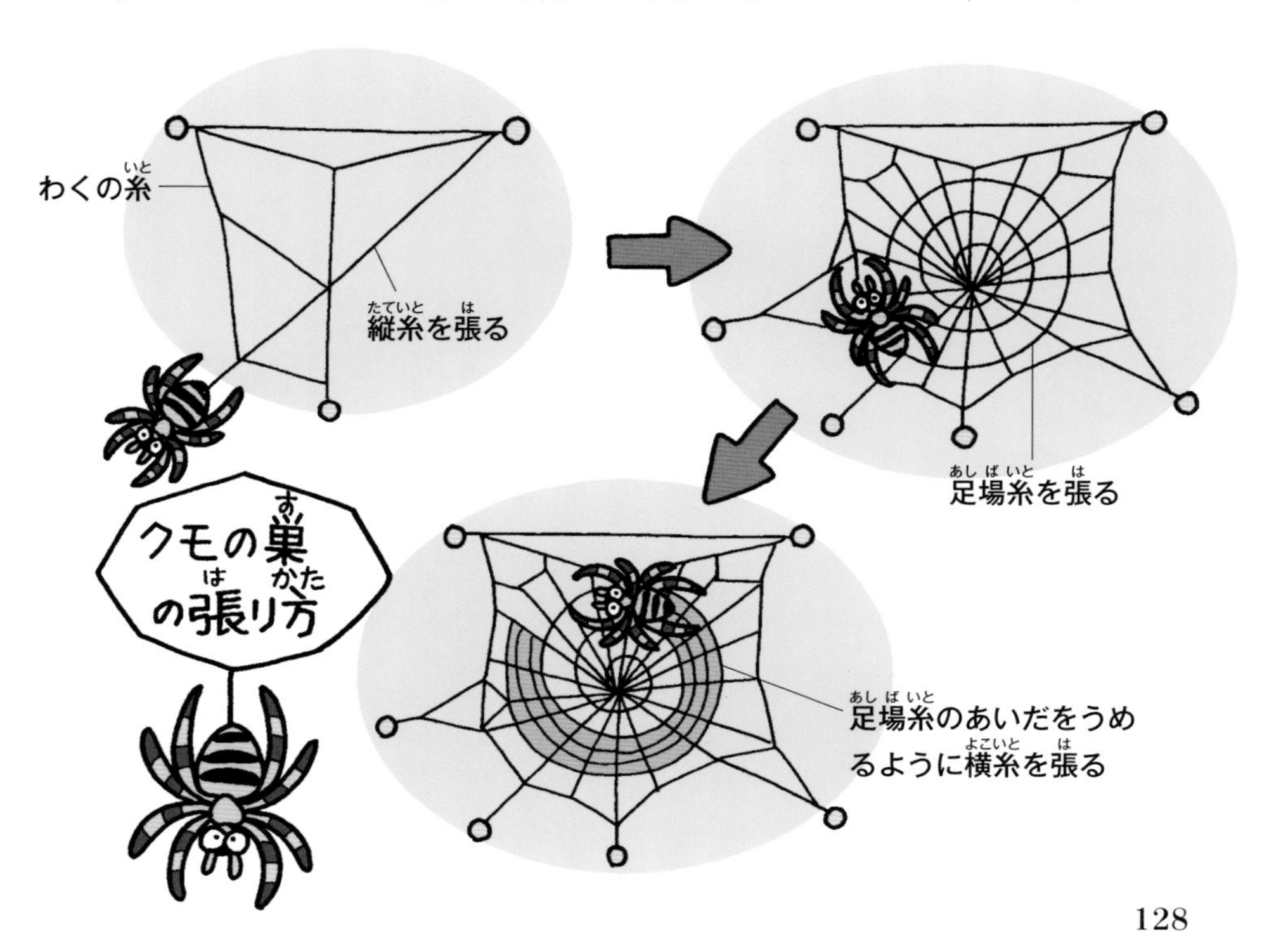

ます。これを足場糸といいます。ここまでに使った糸は、どれもねばねばしていません。足場糸ができたら、今度は外側から、足場糸と足場糸のあいだをうめるようにして、横糸を張っていきます。横糸には、ねばねばする液体が、小さいビーズ玉のようについています。この液体にさわると、虫がくっついてしまうのです。

クモは巣の上を移動するときは、か

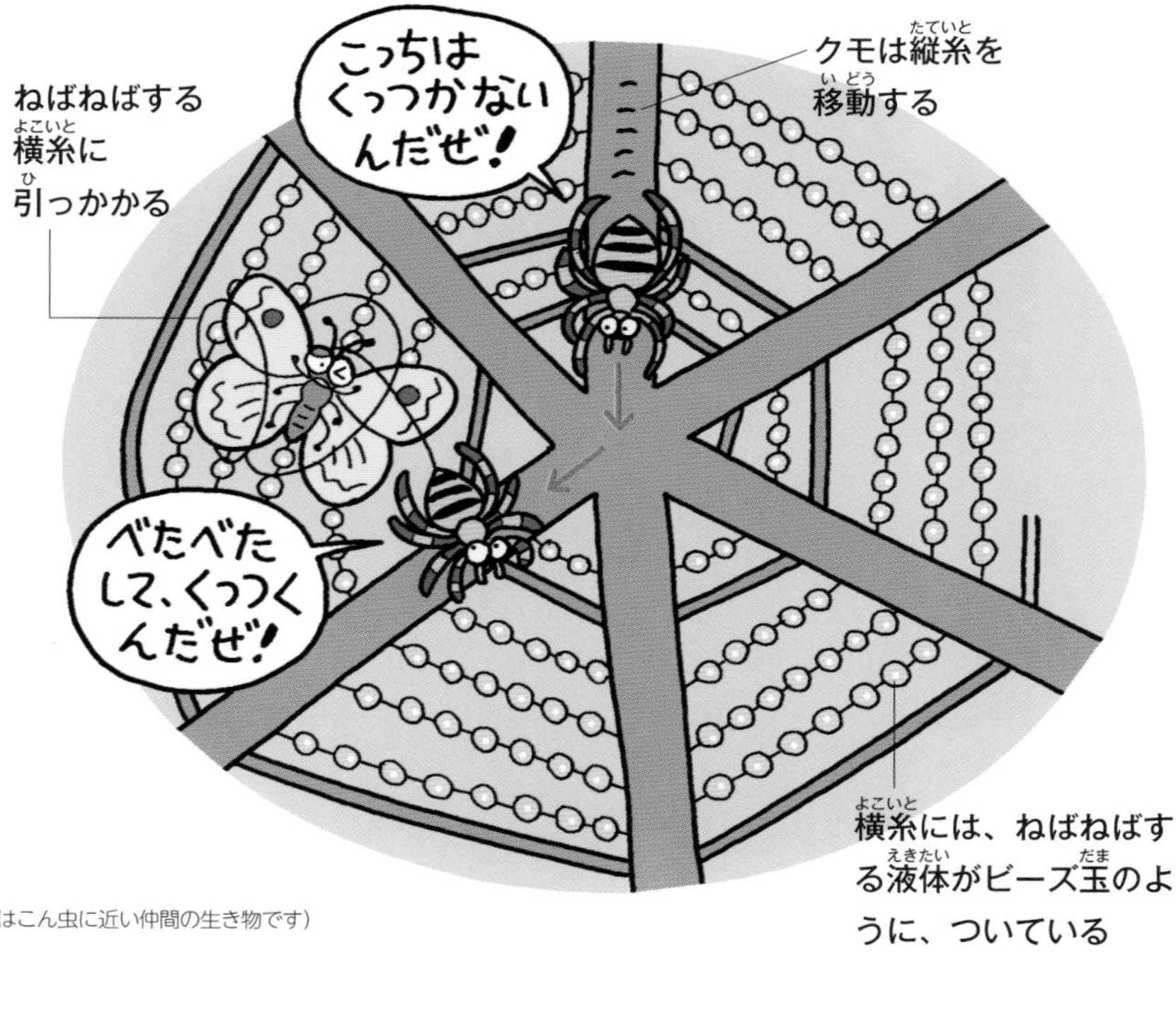

（※クモはこん虫に近い仲間の生き物です）

ならず縦糸を使います。だから、巣に足がくっつかないのです。縦糸は、かたく太い糸で、あまりのびません。丈夫なので、虫が巣にぶつかっても簡単には切れません。横糸は、とてもよくのびます。虫は横糸のねばねばにからめとられます。もがいても横糸はのびるので、虫をにがしません。クモは巣の真ん中にいます。虫が巣にかかって暴れると、そのふるえが糸を伝わって、クモに届きます。クモは縦糸を使って移動し、巣にかかった虫を、横糸と同じねばる糸を出して、ぐるぐる巻きにして動けなくしてしまうのです。

クモの種類はとてもたくさん。巣のかたち、糸の使い方もいろいろです。クモが少し苦手な人もいるかもしれませんが、巣を張っていく様子をしばらく見てみましょう。とても器用なので、感心してしまうかもしれませんよ。

イラスト／ひろゆうこ

かみなりはどうして光るの？なぜ落ちるの？

ピカッ！　と光って、ゴロゴロゴロと鳴るかみなり。強い光と大きな音が、ちょっとこわいですよね。

かみなりの正体は、電気です。「積乱雲」とよばれる雲の中で、この電気はつくられます。雲の中にどうやって電気がたまっていくのか、まだはっきりとはわかっていない部分もありますが、おおよそ次のように考えられています。

積乱雲の中では、空気が激しく上下に動いています。雲の中には、たくさんの小さな氷のつぶがあって、激しく動く空気によって氷のつぶ同士がぶつかり合ったり、こすれ合ったりします。このときに、電気が生まれるのではないかといわれています。そして、たくさんの電気がたまると、雲の中や雲と地面とのあいだに、かみなりとなって電流を流すのです。

空気は、ふつう電気を通しません。しかし、雲の中の電気が多くなると、無理やり空

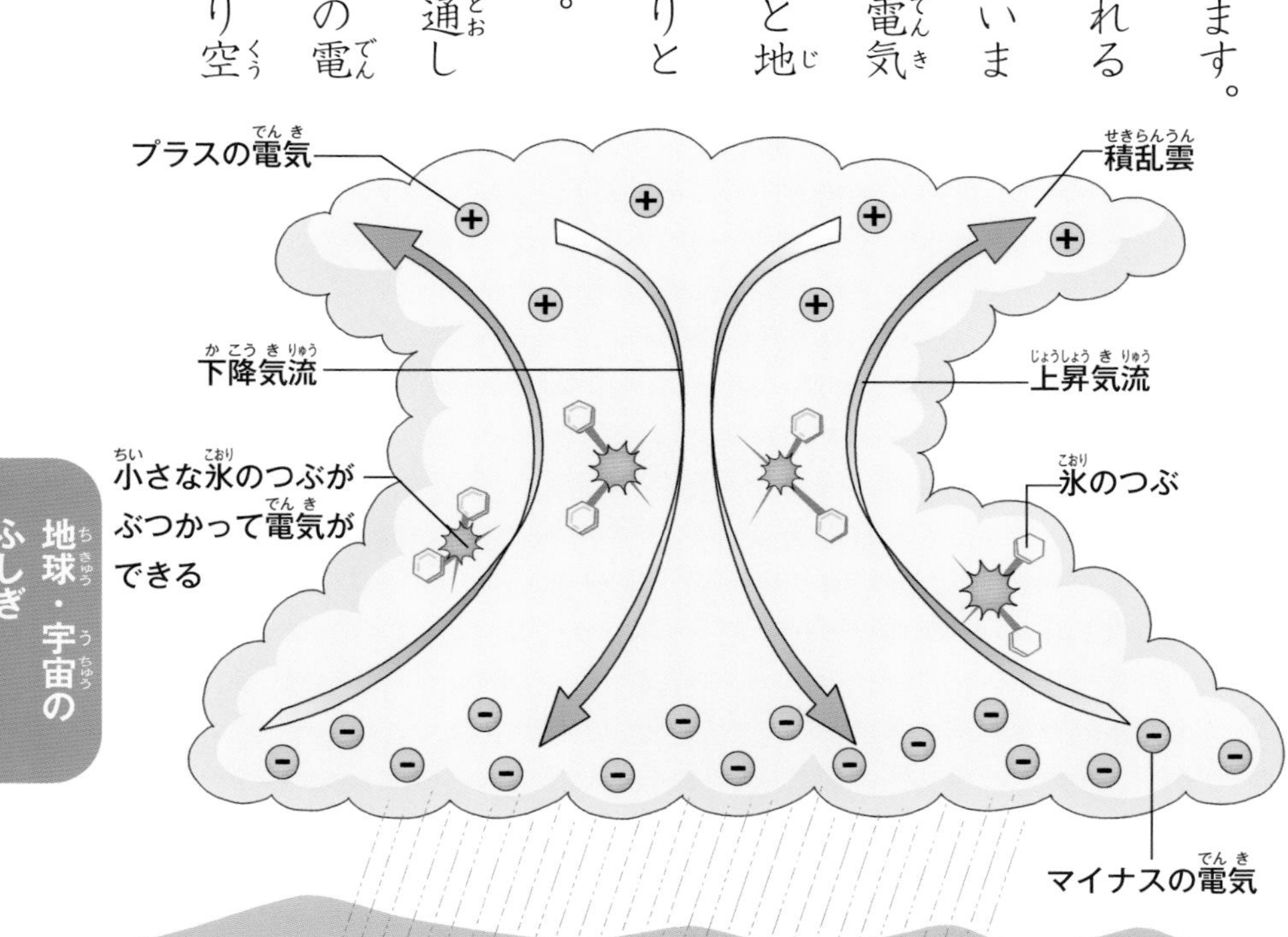

気の中を通って地上に流れてきます。これが「かみなりが落ちる」原因です。

　かみなりの電気が流れた場所の空気は、急に温度が高くなります。およそ三万度という高熱です。ものはとても熱くなると光を出す性質がありますから、熱くなった空気も強い光を出します。これが「ピカッ！」の正体です。そして空気は、温度が上がるとふくらむ性質をもっています。かみなりの電気で熱くなった空気は急激にふくらみ、

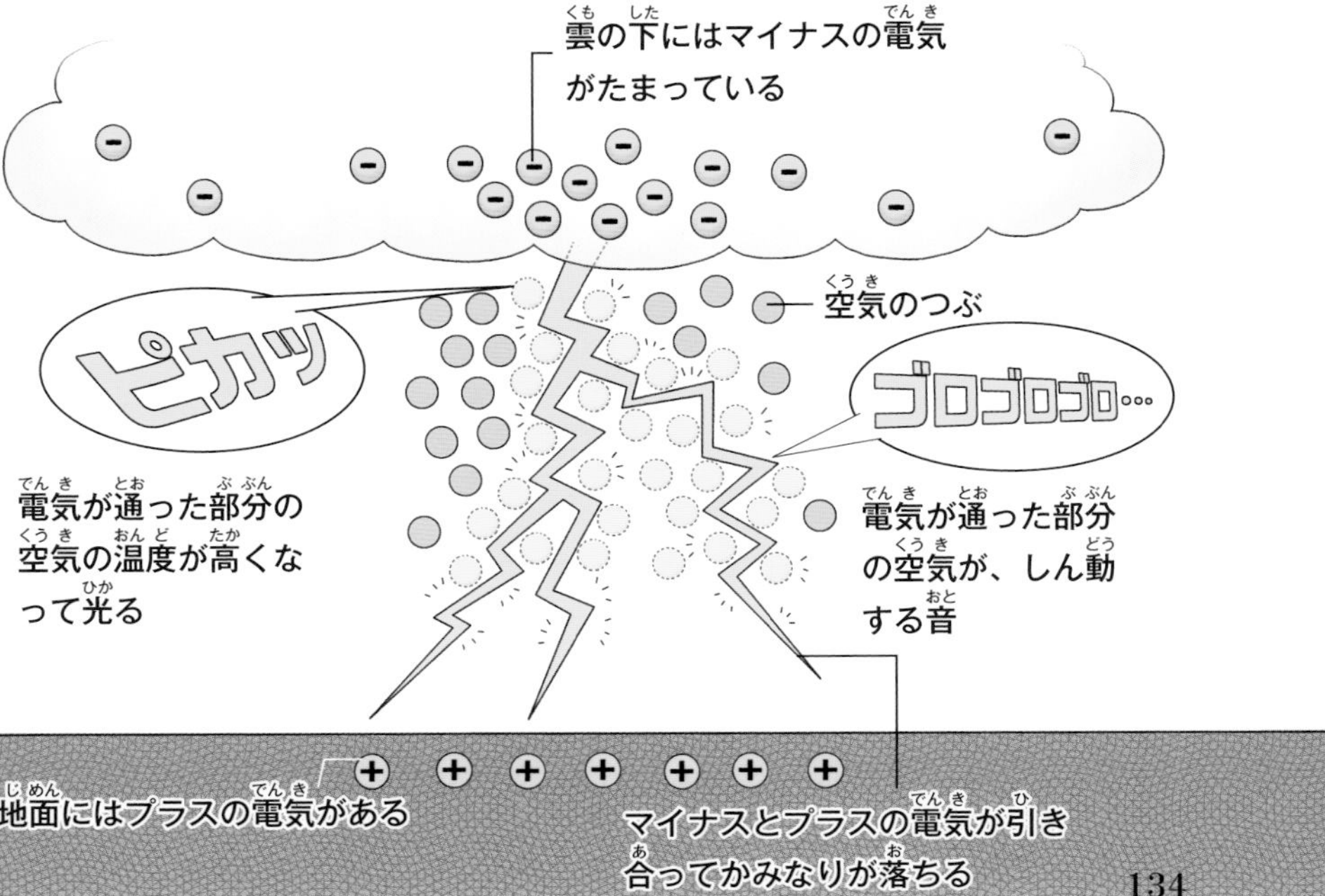

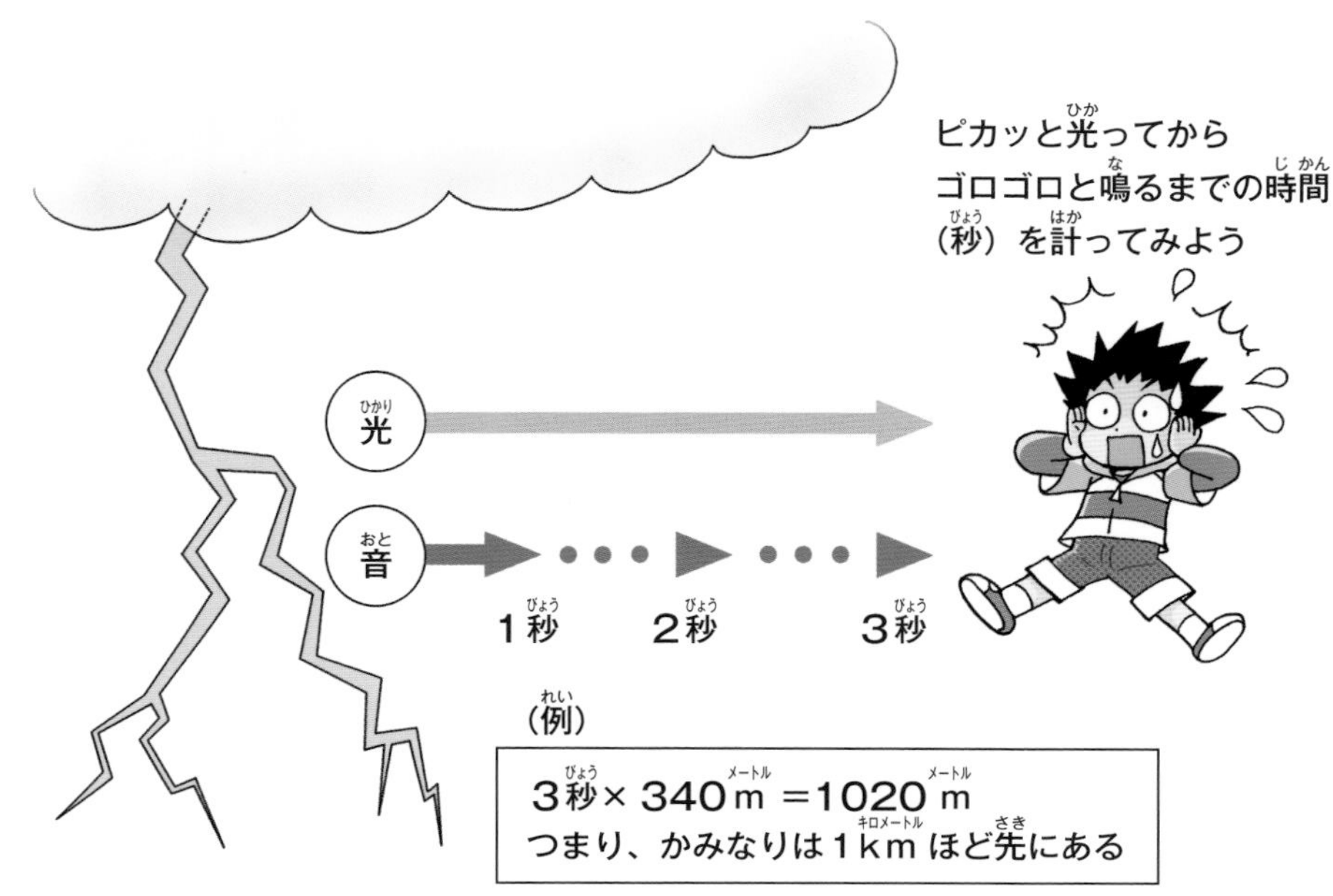

周りの空気を大きくふるわせます。このしん動する音が「ゴロゴロゴロ」の正体です。

かみなりは、まず光ってからあとで音が聞こえますよね？　これは光と音の進む速さがちがうからです。光の速度はとても速いため、いっしゅんで届き、音は空気中では一秒間におよそ三百四十メートル進みますから、少しおくれるのです。光が見えてから音が聞こえるまでの秒数を計って、これに三百四十をかけると、かみなりまでのだいたいのきょりがわかりますよ。

たつ巻は、どうして起きるの？

たつ巻は、地上から雲までつながった、激しい空気のうず巻きです。日本では、それほどひんぱんには起こりませんが、アメリカでは「トルネード」とよばれ、なんと一年間に千個以上も発生しています。

たつ巻の風は、とても強い力があり、風の速さは一秒間に百メートル以上になることがあります。これは地球上でふく最も強い風だといわれ、家をこわしたり、電車や自動車をひっくり返したりしてしまうほどです。また、激しくうずを巻いたまま移動することも多く、移動の速度は決まっていませんが、時速百キロメー

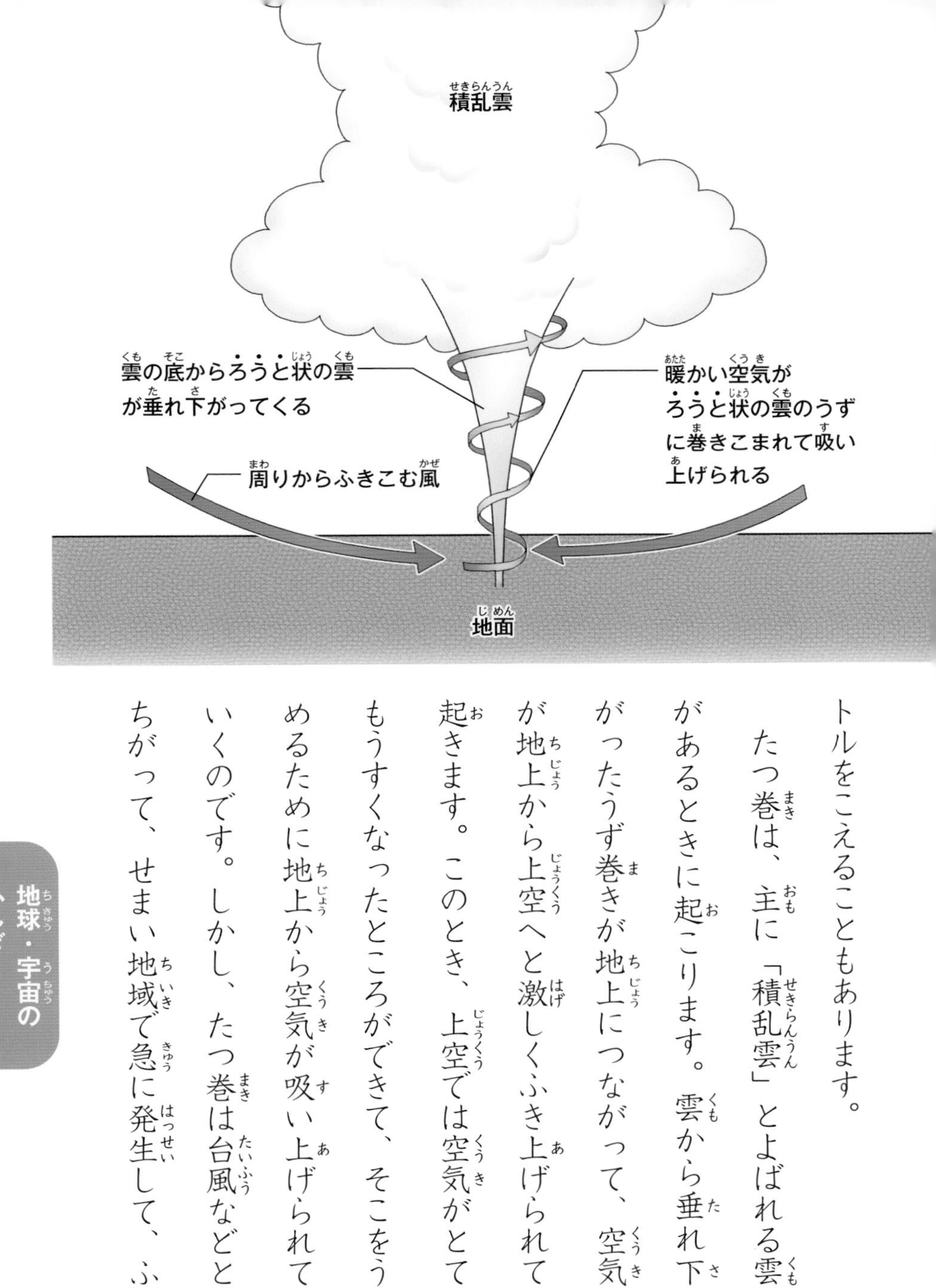

積乱雲
雲の底からろうと状の雲が垂れ下がってくる
暖かい空気がろうと状の雲のうずに巻きこまれて吸い上げられる
周りからふきこむ風
地面

トルをこえることもあります。

たつ巻は、主に「積乱雲」とよばれる雲があるときに起こります。雲から垂れ下がったうず巻きが地上につながって、空気が地上から上空へと激しくふき上げられて起きます。このとき、上空では空気がとてもうすくなったところができて、そこをうめるために地上から空気が吸い上げられていくのです。しかし、たつ巻は台風などとちがって、せまい地域で急に発生して、ふいに消えてしまうことが多いため観測することが難しく、くわしいことはわかっていません。

平均的な大きさは、うずの直径が数十メートルから数百メートルくらい。だいたい数分から十数分という短い時間で消えてしまいます。

たつ巻の「たつ」は「竜」という意味です。空に向かってのびる細長いうず巻きが、竜が天にのぼるすがたに似ているため、名づけられたといわれています。

引力って、なに？

「ニュートン」という人を知っていますか？　ニュートンは、約三百年前のイギリスの科学者で、りんごが木から落ちるのを見て「引力」を発見したと伝えられています。でも、引力って、いったいどんな力なのでしょうか。

引力は、物と物が引っぱり合う力です。地球は回っているのに、そこに乗っている私たちが宇宙に落ちないのはどうしてかな、って思ったことはありませんか？　それは、地球が強い引力で私たちを引っぱっているからです。私たちのほうでも地球を引っぱっているのですが、その力はとても弱いので地球の動き方が変わったりすることはありません。いっぽう、地球が引っぱる力は強いので、私たちは地球に引きつけられているのです。

宇宙にある物は、重ければ重いほど、大きな引力をもっています。地球と月では地球のほうがずっと重いため、月面ではこんなことも起こります。ジャンプすると、私たちのからだは、また地面に落ちてきますね。地球で三十センチメートルジャンプするのと同じ力で、月面でジャンプすると、一メートル八十センチメートルもジャンプできてしまいます。

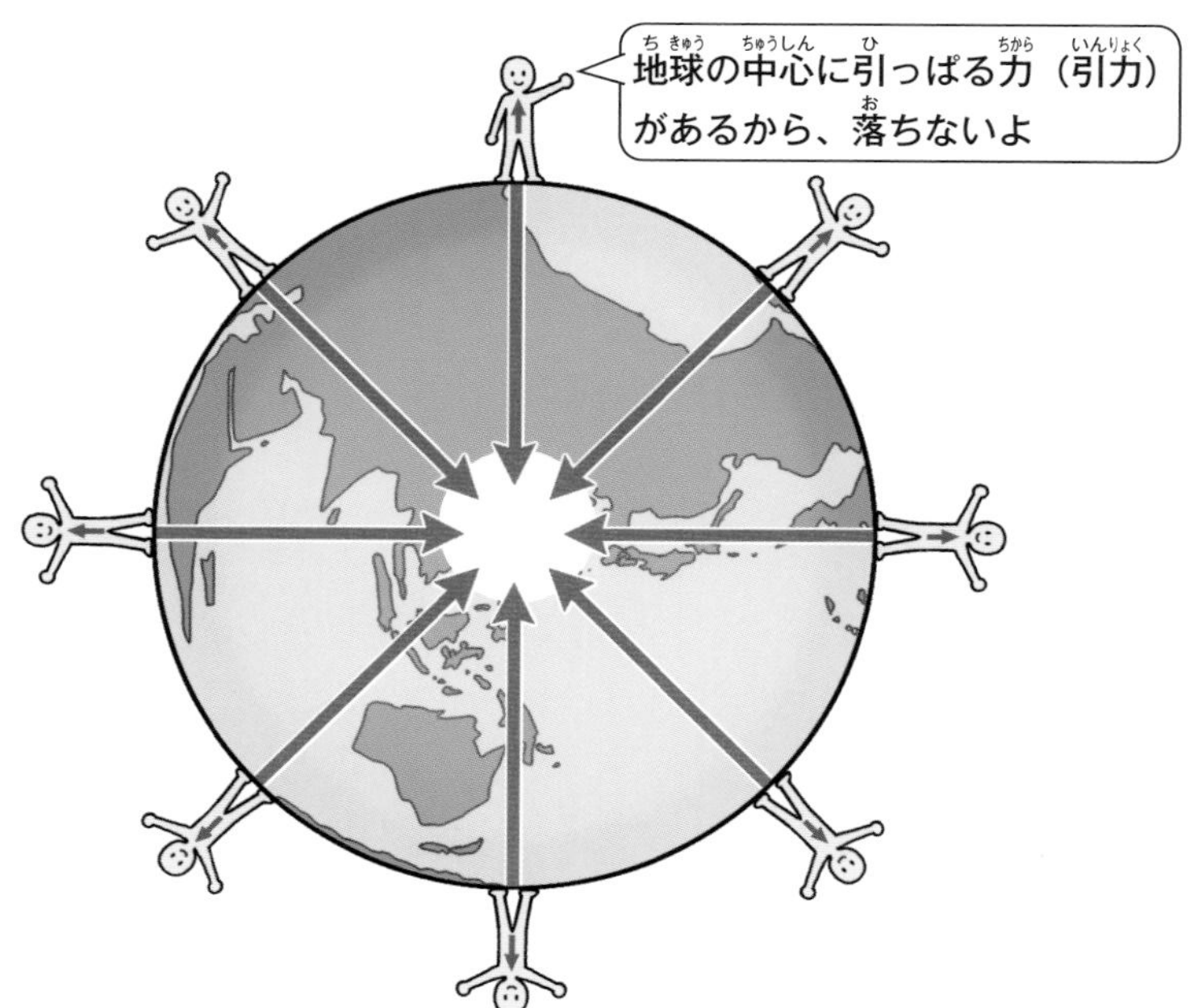

地球の中心に引っぱる力（引力）があるから、落ちないよ

それは、月の引力が地球の六分の一しかなくて、月が私たちを引っぱる力が弱いからなのです。

引力は、はなれている物同士のあいだでもはたらきます。その例が、太陽系です。太陽はとても強い引力をもっています。地球が引っぱる力よりも、太陽が引っぱる力のほうがはるかに大きいので、地球は太陽の周りをいつまでも回っているのです。地球ばかりではありません。太陽系には、地球を入れて八つの惑星が回っています。また、それ以外にも、ほうき星ともよばれるすい星や、小惑星など、たくさんの星が太陽の周りを回っています。太陽の引力は、太陽と地球とのきょりの数万倍と、はるか遠くまでおよんでいるともいわれます。それは、太陽の重さが地球の三十三万個分もあって、とても重いからなのです。

ニュートンは引力の研究を進めて、物と物のあいだには引力がはたらくこと、物が重ければ重いほど引力は大きいこと、そして、物と物のきょりがはなれているほど引力は小さくなる、という性質をつきとめました。このような引力の性質を「万有引力の法則」といいます。

ニュートンの発見した万有引力の法則で、りんごのようなものが地面に落ちるのにも、地球が太陽の周りを回るのにも、同じ引力という力がはたらいていることがわかったのです。

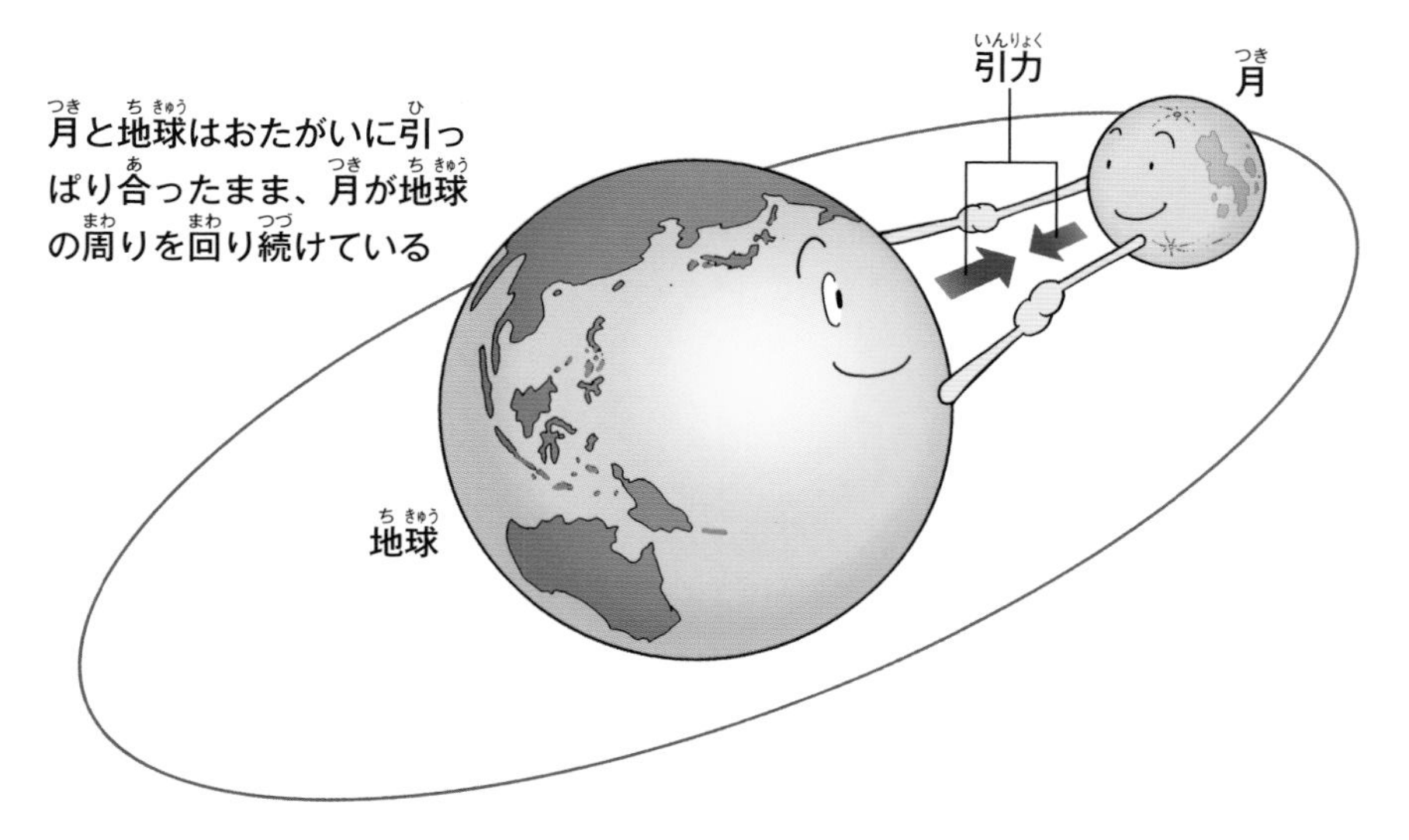

月と地球はおたがいに引っぱり合ったまま、月が地球の周りを回り続けている

海は、なぜ満ち引きするの？

海の水は、一日にほぼ二回、海面が高くなったり低くなったりします。いちばん高くなったときを「満潮」といい、いちばん低くなったときを「干潮」といいます。そして海面が高くなっていくときを「満ち潮」、低くなっていくときを「引き潮」とよびます。それにしても、なぜ決まった回数だけ変化するのでしょうか。そのわけは、空のかなたにうかぶ月にあるのです。

月には、地球と同じように物を引っぱる力「引力」があります。ですから、地球上の月に最も近い場所では、海水が月の引力に引っぱられて、月に向かってふ

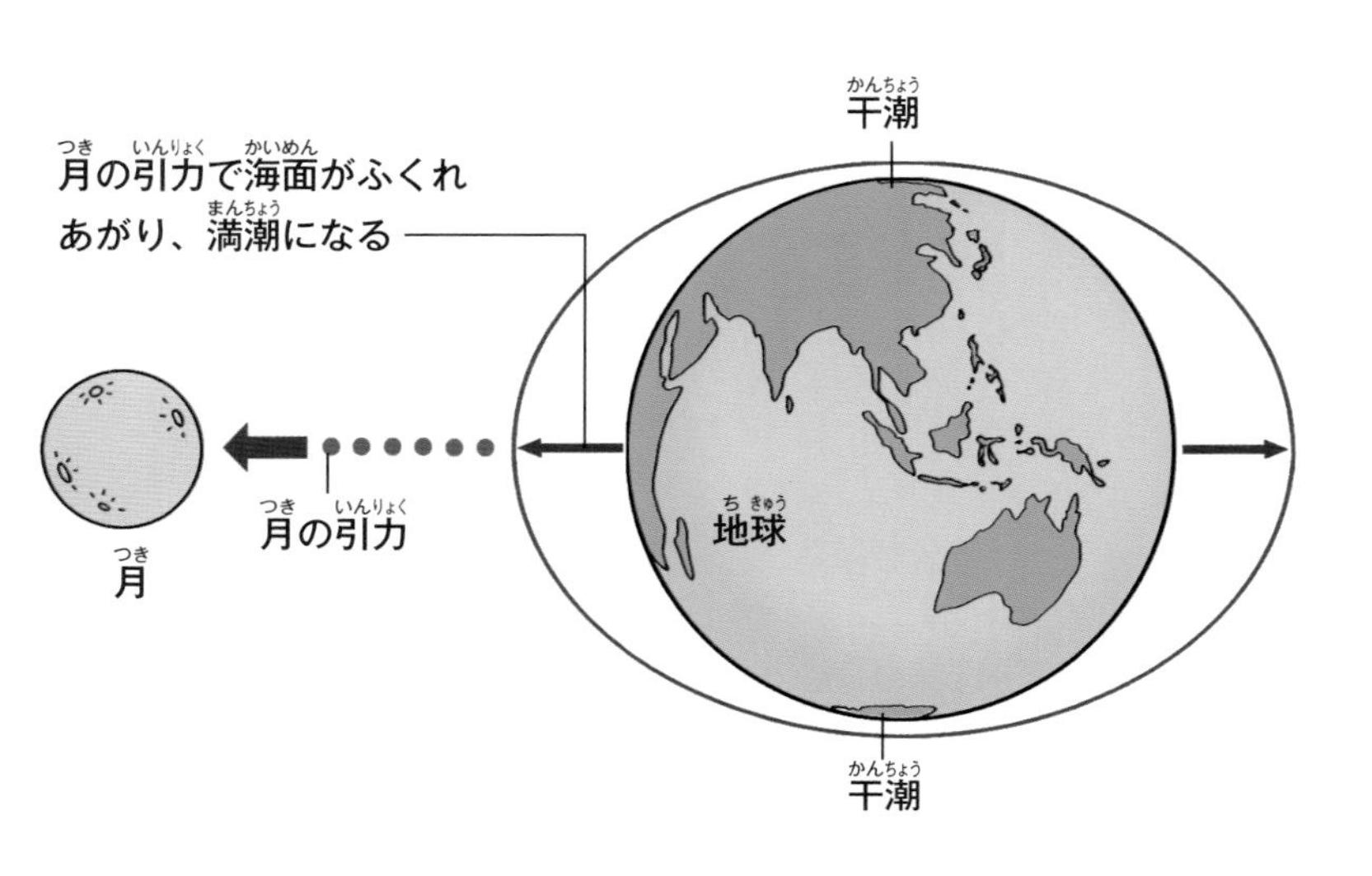

くれあがります。また、ちょうどその反対側でも、海水は月と反対の方向にふくれあがります。これが「満潮」です。月の真下と、その反対側が満潮のとき、その中間では引っぱる力が弱くなり、「干潮」になります。地球は一日で一回転していますから、月はほぼ一日に一回は真上に来るし、その反対側にも一回来るので、一日に二回ずつ満潮と干潮が起こるのです。

　また、満月や新月のころは、満潮と干潮の水位の差が大きくなります。これを「大潮」といいます。新月や満月のときには、太陽と月と地球が一直線に並びます。そのため月の引力に太陽の引力も加わって、海水を引っぱる力が最も強くなるため、大潮になるのです。

反対に半月のころは、月と太陽の引力がちがう向きにはたらきます。そのため月の引力が弱められ、満潮と干潮の高さの差が最も小さくなります。これを「小潮」とよびます。

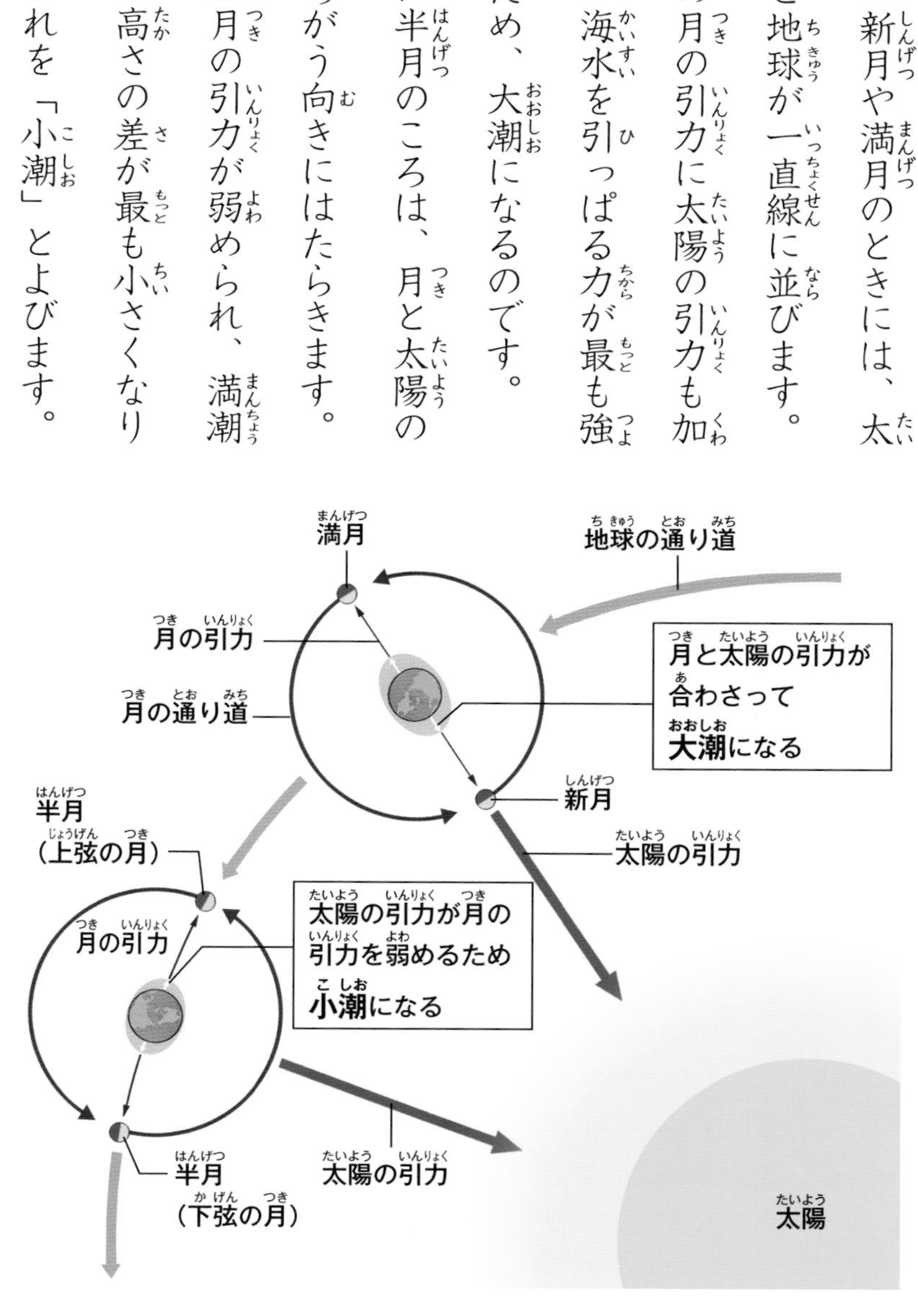

大陸が動いているって、本当？

世界地図を見てみてください。アフリカ大陸と、南アメリカ大陸は、パズルのようにくっつけられそうだと思いませんか？　二十世紀の初めころ、ドイツの科学者ウェゲナーは、世界地図を見て「かつて世界の大陸は一つにつながっていて、超大陸『パンゲア』を形づくっていた。それが分かれて今の大陸になったのだ」と考えました。これを「大陸移動説」といいます。考えただけではありません。その証こを世界中から集めました。たとえば、同じ種類の岩石や植物の化石、カタツムリのように海をわたることはできない生物の化石などが、広い海をはさんで別べつの大陸にあることを発見したのです。ところが、ウェゲナーが生きているときには、この説が認められることはありませんでした。しかし、その後の研究から、現在では大陸が動いているのは確かだとわかりました。ウェゲナーの説は正しかったのです。

では、どうやって大陸は移動したのでしょう。そのわけは、大陸をのせた「プレート」にありました。プレートとは「板」という意味です。地球の表面は、卵のからのように十数枚のプレートでおおわれています。このプレートの境目から、地球内部のマントルが上がってきて、

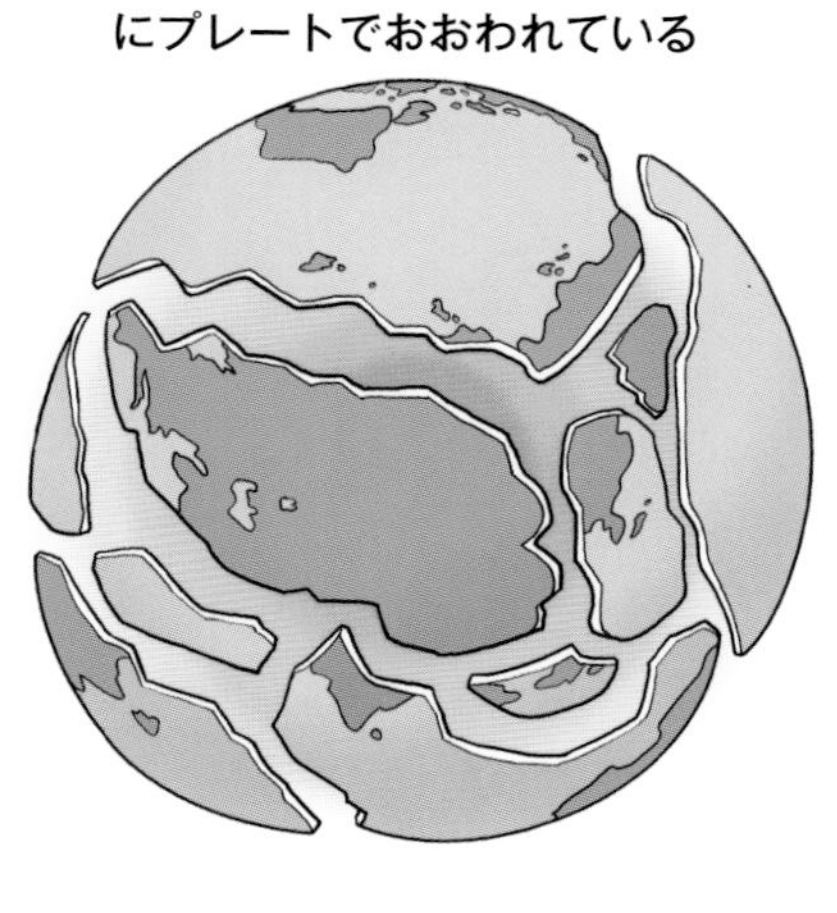

地球の表面は、卵のからのようにプレートでおおわれている

これが固まると新たなプレートの一部になります。古いプレートはベルトコンベアーに乗っているように移動して、別のプレートとぶつかってもり上がったり、再び地球の内部にしずみこんだりしていくのです。

今もプレートは動き続けています。一年間に数センチというわずかなきょりのため、からだで感じることはありません。このままプレートが動き続ければ、ハワイやオーストラリア大陸がどんどん日本に近づいてきます。そして二億～三億年後には、ほとんどの大陸がアジアに集まり、超大陸「アメイジア」になるといわれています。そのころ、日本はアジアとオーストラリアにはさまれてしまうでしょう。そんなはるか未来、超大陸「アメイジア」にはどんな生き物がくらしているのでしょうね。私たちの子孫は、はたして幸せにくらしているのでしょうか。

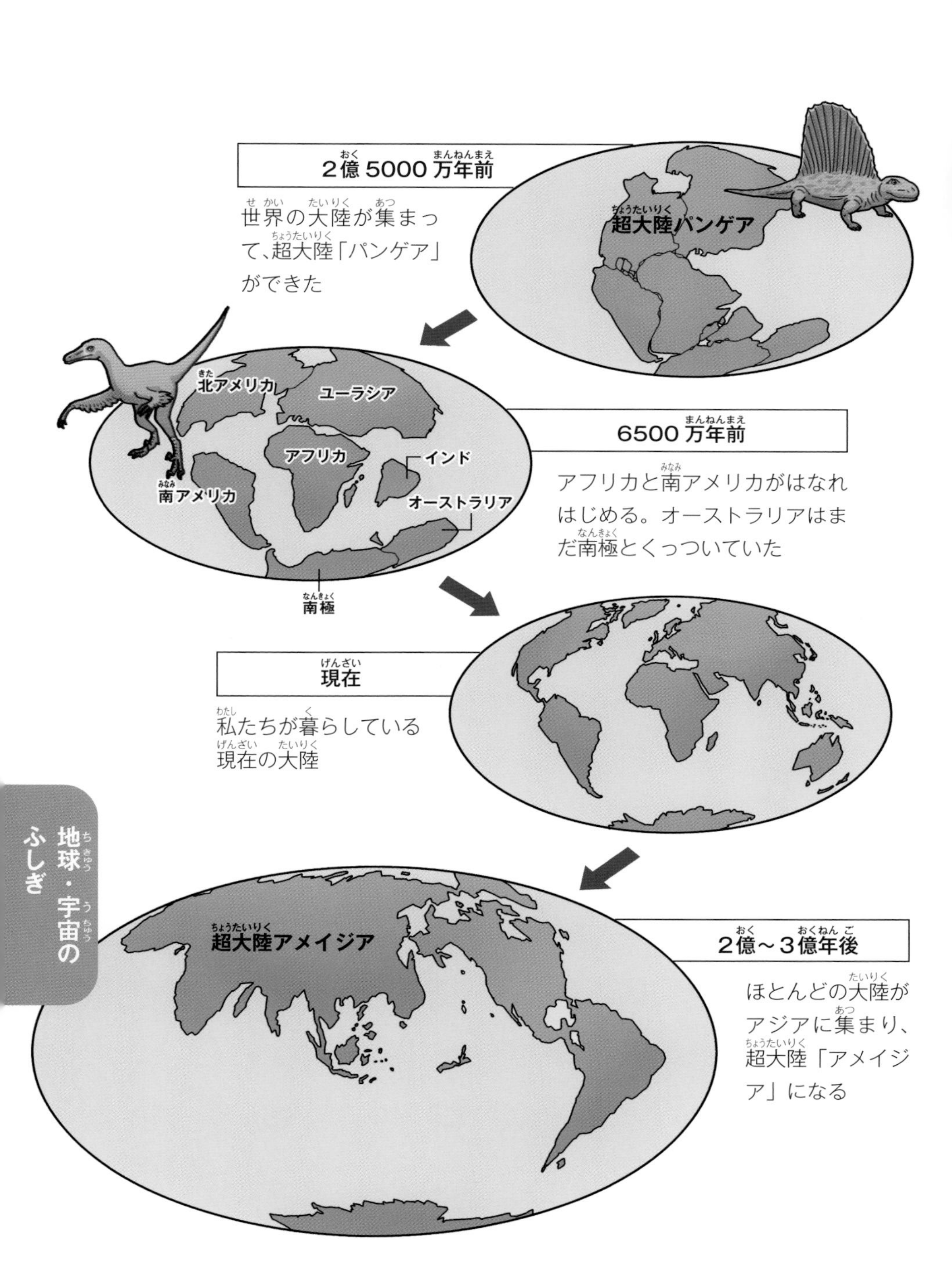
2億5000万年前
世界の大陸が集まって、超大陸「パンゲア」ができた
超大陸パンゲア
北アメリカ
ユーラシア
アフリカ
インド
南アメリカ
オーストラリア
南極
6500万年前
アフリカと南アメリカがはなれはじめる。オーストラリアはまだ南極とくっついていた
現在
私たちが暮らしている現在の大陸
超大陸アメイジア
2億〜3億年後
ほとんどの大陸がアジアに集まり、超大陸「アメイジア」になる

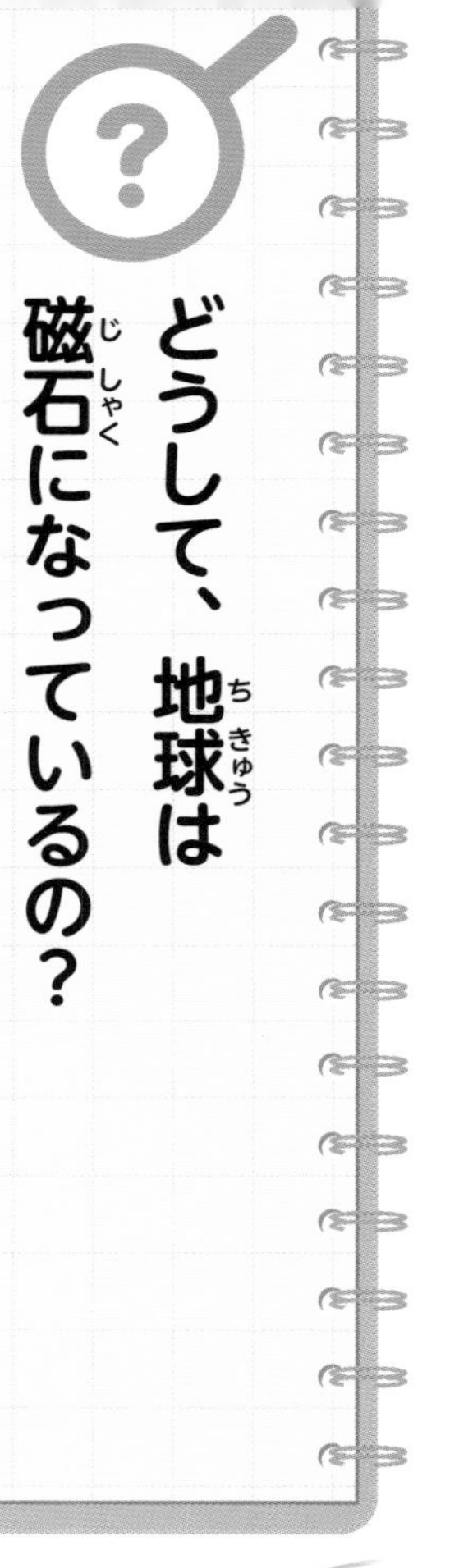

どうして、地球は磁石になっているの？

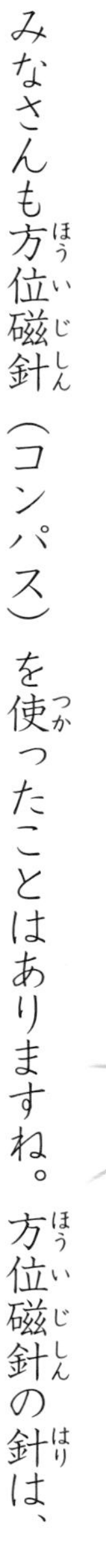

みなさんも方位磁針（コンパス）を使ったことはありますね。方位磁針の針は、いつも北と南を指して止まります。それは北極点の近くにS極があって、南極点の近くにはN極があるからです。つまり、地球は大きな磁石になっているのです。

地球の中心には「内核」とよばれる、おもに鉄でできたかたまりがあります。その外側には「外核」とよばれる、どろどろに鉄がとけた部分があって、ゆっくりと流れています。このゆっくりと流れる鉄が、発電機と同じはたらきをして電気を起こし、その電気が磁石の力「磁力」を発生させていると考えられています。

太陽系には八つの惑星がありますが、火星や金星には地球のような磁力がありません。このことから、火星と金星の中心近くは、地球のようにとけていないことが推測されます。

地球の磁力は、太陽からくる「太陽風」（↓154ページ）などの宇宙線から私たちを守ってくれています。宇宙線は、太陽や遠い星が

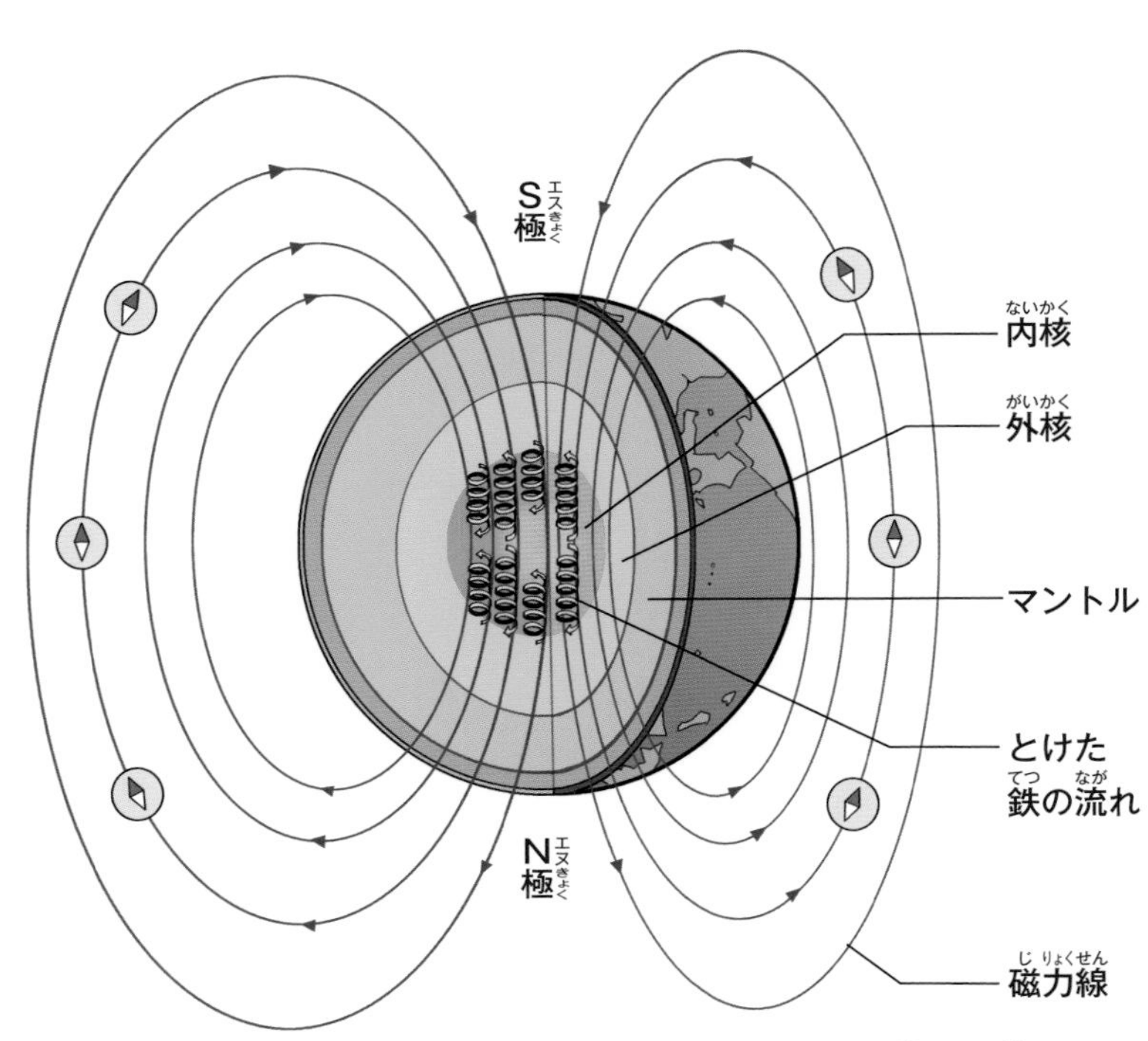

※「磁力線」……磁力のえいきょうがおよぶところを表した線

出しているエネルギーの高い放射線です。遺伝子を傷つけてガンの発生を増やすなど、生命に害をあたえますが、地球では磁力がバリアの役目を果たして、こうした有害な宇宙線をほぼ、はね飛ばしてくれているのです。地球が今のような生命あふれる星になったのは、磁力のおかげだと考えている学者もいます。

太陽と反対側の磁力線は、太陽風によってずっと後ろまで引きのばされている

ところで、地球のS極とN極は、長い歴史のなかで、何回も入れかわったことがわかっています。この原因は、残念ながら、まだよくわかっていません。

次がいつか、入れかわるときに何が起こるのか、予想は難しいのですが、完全に入れかわるには数万年もかかるので、準備はできそうです。

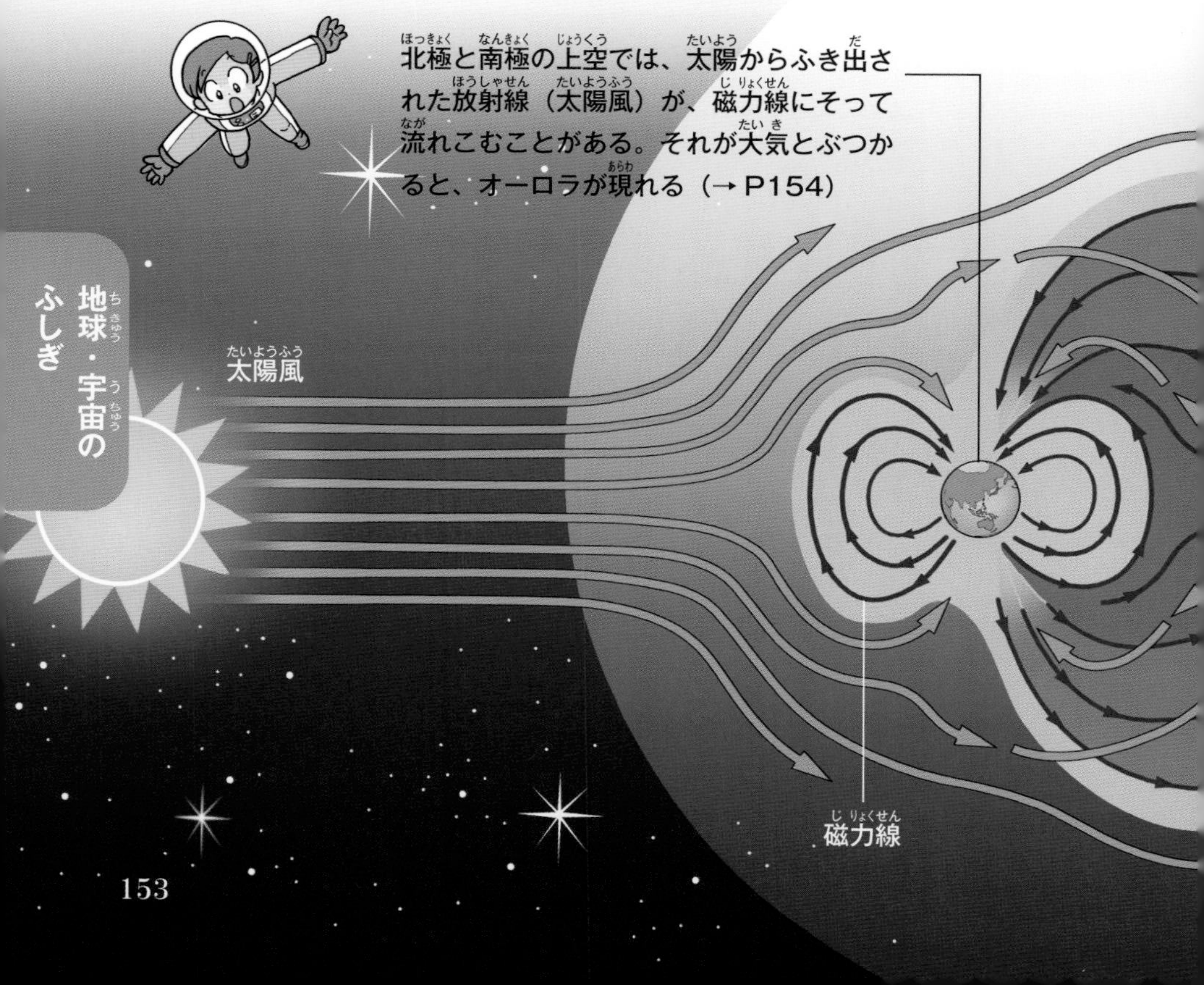

北極と南極の上空では、太陽からふき出された放射線（太陽風）が、磁力線にそって流れこむことがある。それが大気とぶつかると、オーロラが現れる（→ P154）

太陽風

磁力線

オーロラは、どうしてできるの？

　オーロラって、見たことがありますか？

夜空に赤や緑、紫などの光がゆらゆらとかがやいて、まるで光のカーテンみたいに美しいですよね。だけど、テレビで見たことのある人は多くても、実際に見たという人は少ないんじゃないかな？　なぜなら、オーロラは限られた場所でしか見ることができないからです。それは、北極地方か南極地方です。

　では、なぜ北極や南極の近くでしか見られないのでしょう。そもそも、オーロラってどうして起きるのでしょうか。そのわけは、太陽から来る「太陽風」にあ

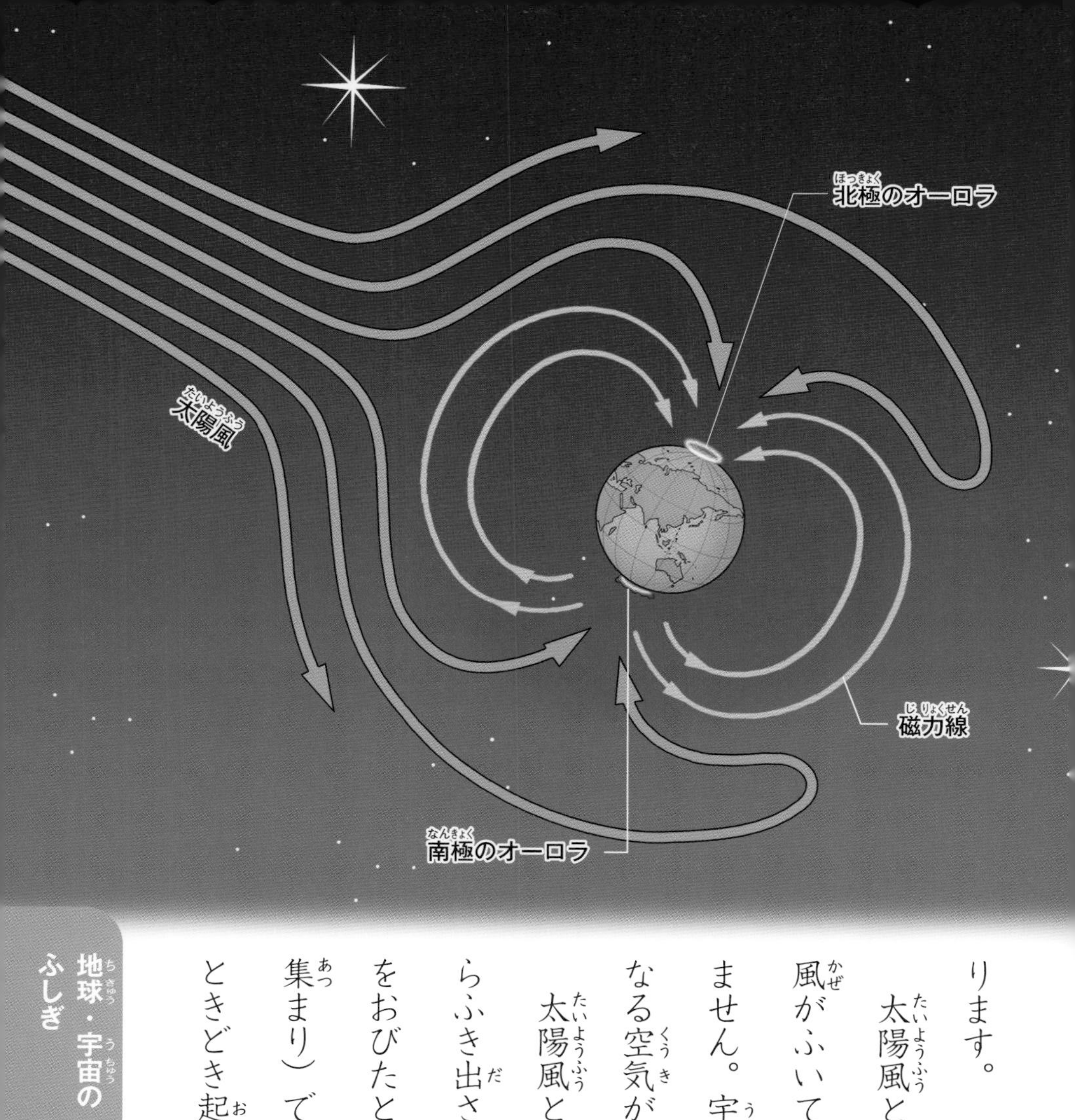

ります。
　太陽風といっても、本当に風がふいてくるわけではありません。宇宙には風のもとになる空気がありませんしね。
　太陽風というのは、太陽からふき出された放射線（電気をおびたとても小さなつぶの集まり）です。太陽の表面でときどき起こる「フレア」とよばれる大きなばく発のときには、その放射線がいつもよりたくさんふき出して、地球におし寄せてきます。

太陽風は、おおよそ三日で地球に届きます。地球は大きな磁石のようになっていて、北極がS極、南極がN極になっていますから、太陽風は磁石に引き寄せられて北極と南極に飛びこんできます。そして空の高い場所の空気とぶつかったときに、いろいろな色の光を出すオーロラが現れるのです。

地球は回っているのに、なにも感じないのはなぜ？

毎日ちゃんと朝が来て、その次には夜が来るのは、地球が休まずに回っているからです。これを地球の「自転」といいます。地球が太陽の方を向いている側は昼になり、太陽と反対を向いている側は夜になります。

地球は、北極点と南極点を結ぶ線をじくにして、こまのように回っています。地球が一回転しても、北極点や南極点にいる人はぜんぜん移動しません。でも、赤道にいる人は、一回転で、地球を一周するのと同じきょりを移動していることになります。そのきょりは、約四万キロメートルという長いきょりです。

そして、移動する速さは、赤道に近い場所ほど速くなります。地球の自転の速さは、赤道の上では時速約千七百キロメートル。赤道よりも北寄りにある日本は、時速約千四百キロメートルの速さになります。これは、新幹線の四倍より速い速度です。こんなにすごい速さで移動しているなんて、おどろいてしまいますね。

高速で移動しているのに、地上にいる私たちが何も感じないのは、どうしてでしょうか？

それは、周りにある空気も私たちと同様に地

球に強く引きつけられて、地球といっしょに動いているからです。高速で飛んでいる飛行機に乗っていても、移動していることを感じません。それと同じことなのです。

ところで、地球はいつから自転しているのでしょうか。地球が自転をはじめたのは、太陽が生まれたころにさかのぼります。約四十六億年前、太陽系をただようガスやちりが回転をはじめました。やがて、回転の中心にガスやちりが集まっていき、そこに太陽が生まれました。

ガスやちりは太陽の周りを回りながら、ぶつかって大きくなっていき、回転の中から地球が生まれました。だから、地球は生まれる前から太陽の周りを回り、そして自分でも回転しているのですよ。

地球・宇宙のふしぎ

太陽の周りには、地球を入れて八つの惑星が回っています。八つの惑星は、地球と同じように、太陽の周りを回るガスやちりから生まれました。だから、八つとも太陽を回りながら、自転しています。

ただし、太陽から二番目の金星だけ、なぜかほかの惑星と逆向きに自転しています。金星が逆回りに自転しているわけは、太陽系の大きななぞのひとつです。

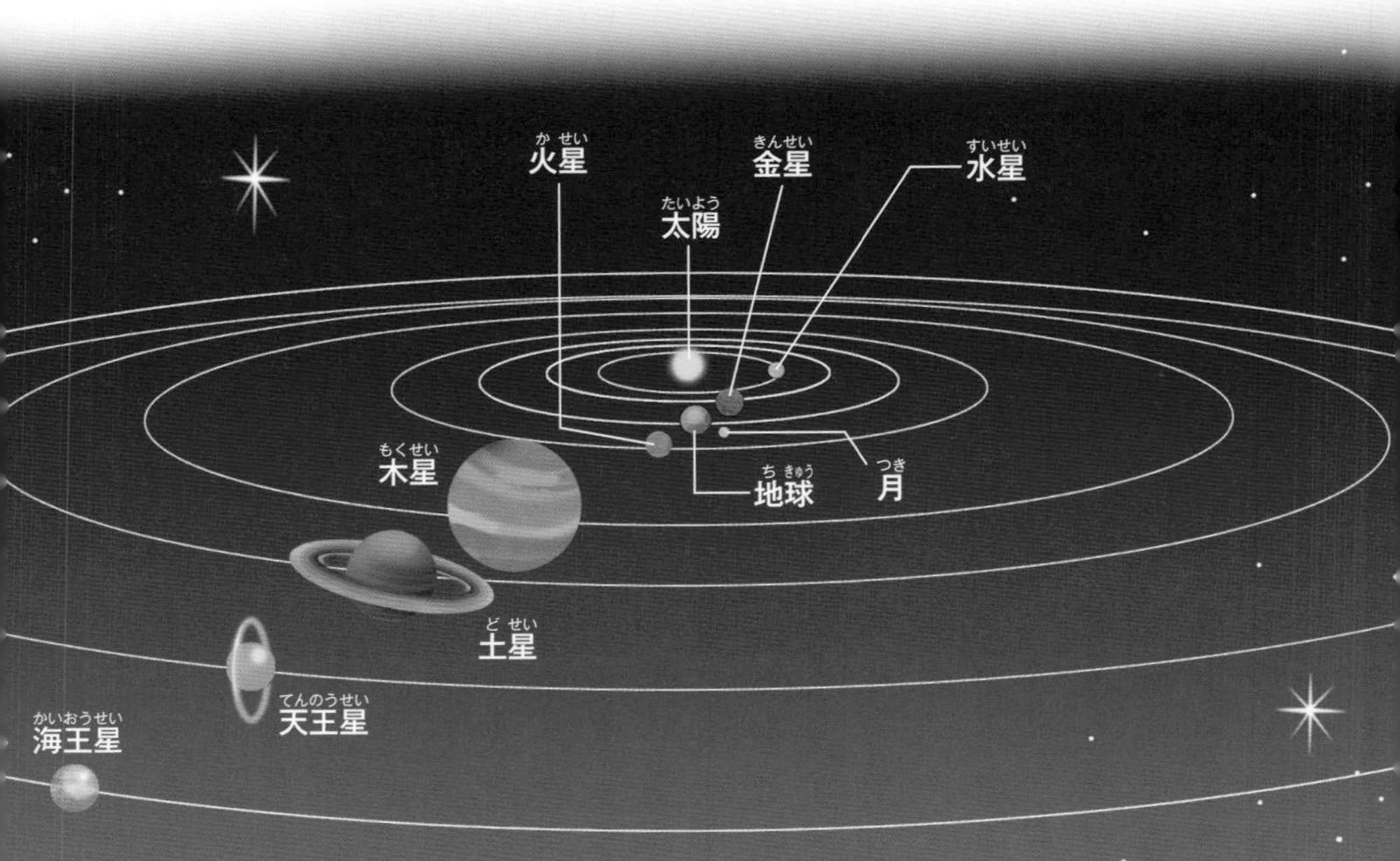

太陽は、どうやってかがやいているの？

太陽は、ほのおのようにまぶしくて暖かいので、「燃えている」と思うかもしれませんね。でも燃えるためには、酸素が必要です。宇宙空間には酸素がないのに、太陽はどうやって、かがやいているのでしょうか。

じつは太陽は、燃えているわけではありません。太陽は、水素とヘリウムというガスでできた星です。地球のようなかたい地面はありません。太陽の真ん中では、水素がぎゅうぎゅうづめになっています。あんまりぎゅうぎゅうづめになっているため、水素の真ん中にある「原子核」という部分がぶつかり合って、ヘリウムの原子核に変わるということが起きています。これを水素の「核融合反応」といいます。このときに、ものすごい光と熱が生み出されているのです。これが、太陽がかがやいているしくみです。

太陽だけではありません。じつは夜空でかがやいて星座をつくっている星は、全部、太陽と同じような星（恒星）なのです。どれも私たちの太陽と同じしくみをもっています。太陽は、私たちにとってなくてはならないものですが、宇宙にたくさんある、ありふれた星のひとつにすぎないのです。

太陽は、自分のからだをつくっている水素を使

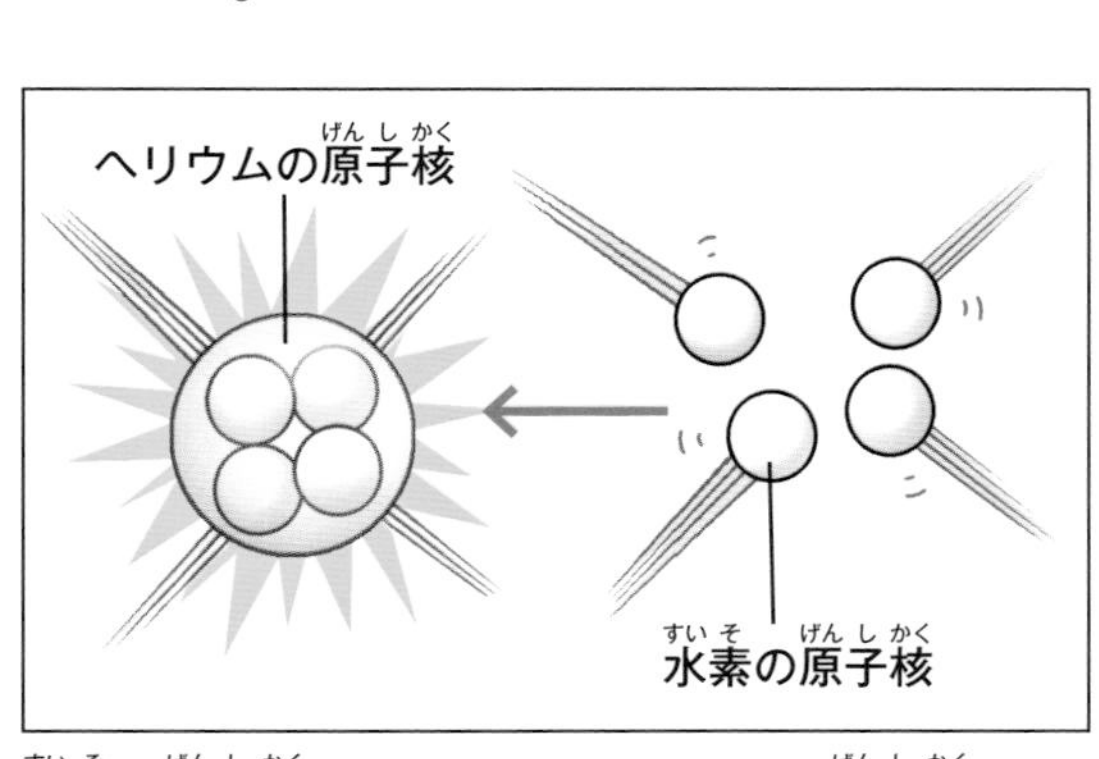

水素の原子核がぶつかってヘリウムの原子核に変わるとき、ものすごいエネルギーが生まれる

って、熱と光を生み出しています。

太陽が水素を使い果たすまでの寿命は、およそ百億年。今だいたい四十六億年なので、これからあと五十億年くらいは、かがやき続けることができるといわれています。

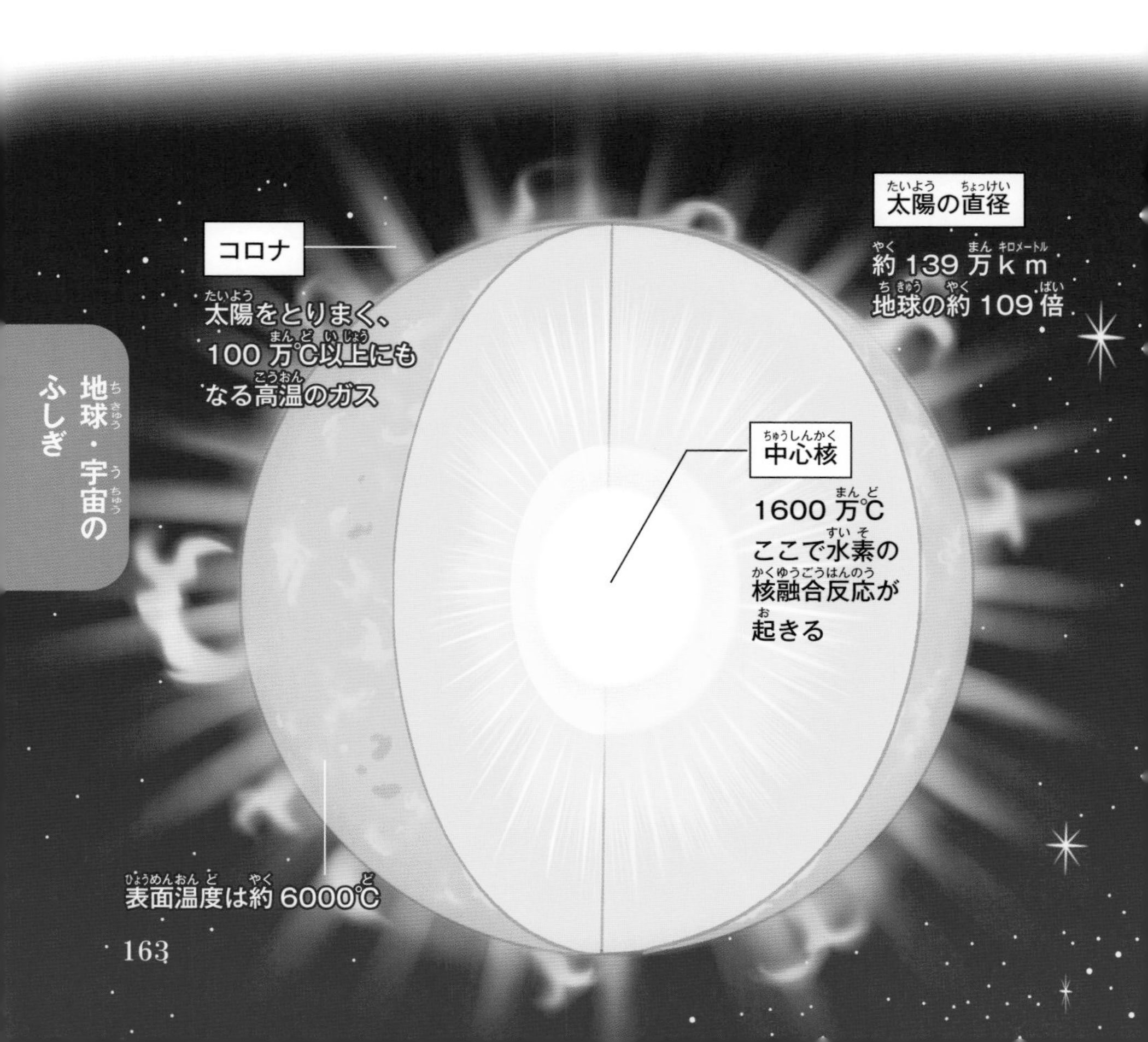

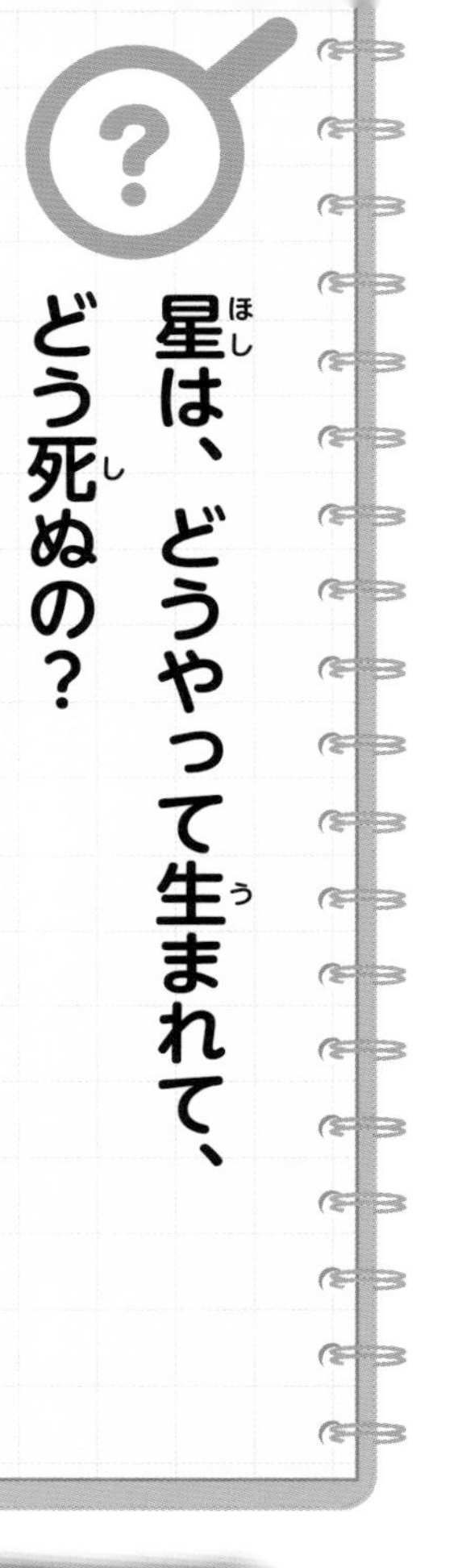

星は、どうやって生まれて、どう死ぬの？

星には、自分でかがやいている星と、かがやく星に照らされている星があります。私たちにとってかがやく星の代表は太陽（恒星）です。そして照らされている星には、地球（惑星）や月（衛星）があります。自分でかがやく太陽のような星は、はるか遠い宇宙からも見ることができます。夜空を見上げて見える星のほとんどは、太陽のように自分でかがやいている星なのです。

さて、太陽が生まれてから、約四十六億年がたちました。星の寿命は、重さで決まります。太陽の寿命は、重さから考えて百億年ほどといわれています。

四十六億歳の太陽は、だから一生の半分くらいまで来たところです。

太陽はこれから、どうなっていくのでしょうか。太陽は約五十億年後になると、だんだんと大きくなっていき、今の百倍もの大きさにもなり、今の五百倍も明るい「赤色巨星」という種類の星になります。やがて、自分のからだをつくっていたガスやちりをふき出して小さくなり、燃えかすのような「白色わい星」という

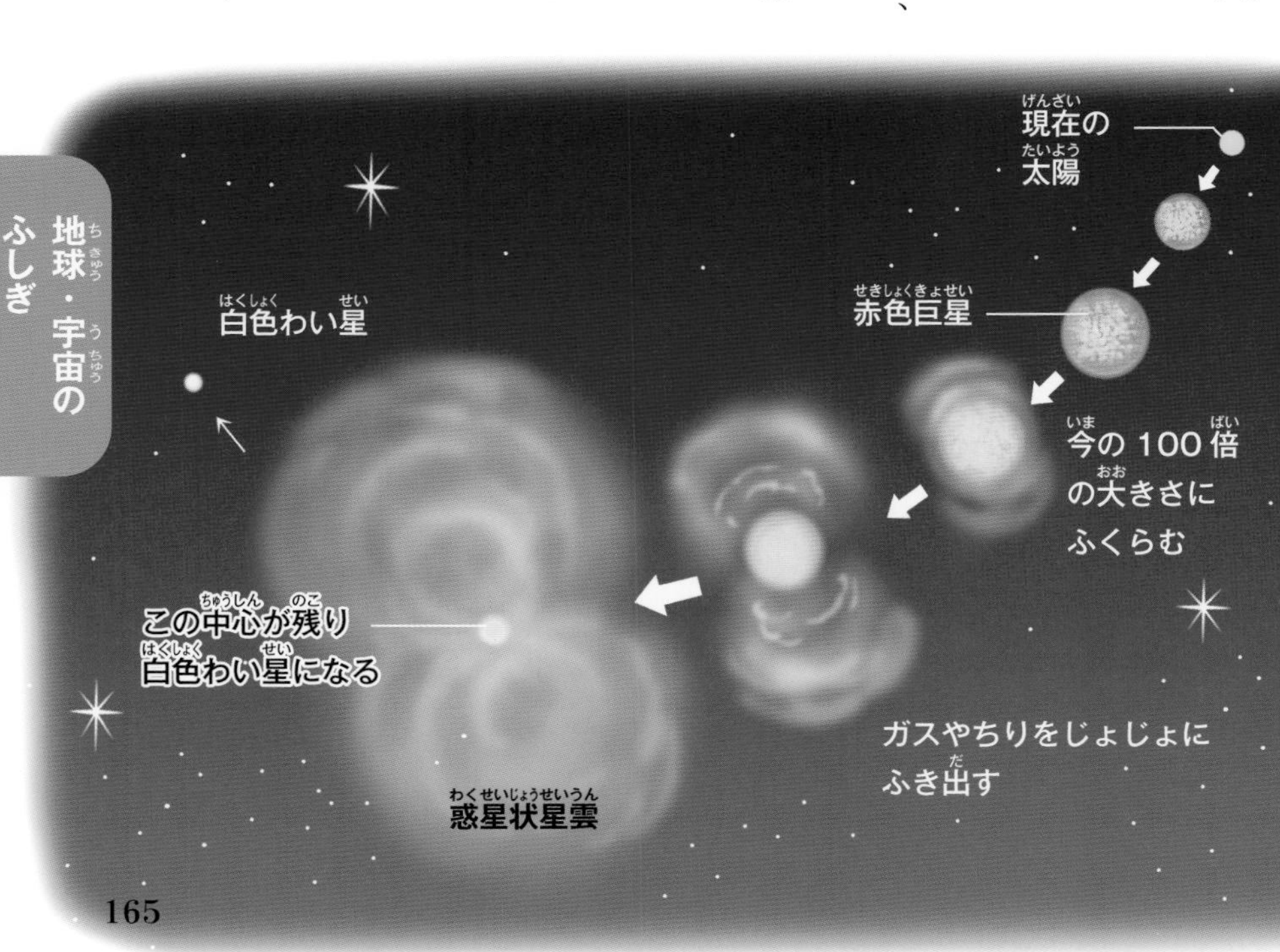

星になります。そして、最後に白色わい星は、暗くなって静かに冷えていくのです。これが太陽のような星の最後です。

いっぽう、太陽とは別の道をたどる星もあります。太陽と比べておよそ八倍以上重い星は、わずか数千万年で赤色超巨星となり、大ばく発を起こして終わります。この大ばく発は、それまで見えなかった星が、とつぜん、数か月にわたって明るくかがやいて見えるようになるため、「超新星」とよばれています。けれども名前とは反対に、本当は星が終わりをむかえたすがたなのです。

超新星ばく発のあとには、のう密なガスがただようこともあります。そして、こうしたガスの中から、また新しい星が生まれてくるのです。

ところでみなさんは、オリオン座を見たことがありますか？　オリオン座の一等星ベテルギウスは、冬の大三角をつくる星です。この星は、直径が太陽の八百倍もの大きさがある赤色超巨星で、いつ超新星ばく発を起こしてもおかしくないといわれています。

また、オリオン大星雲という星雲の中では、新しい星が生まれています。

夜空にかがやく星のなかには、生まれたばかりの星もあれば、最後をむかえつつある星もあるのですね。

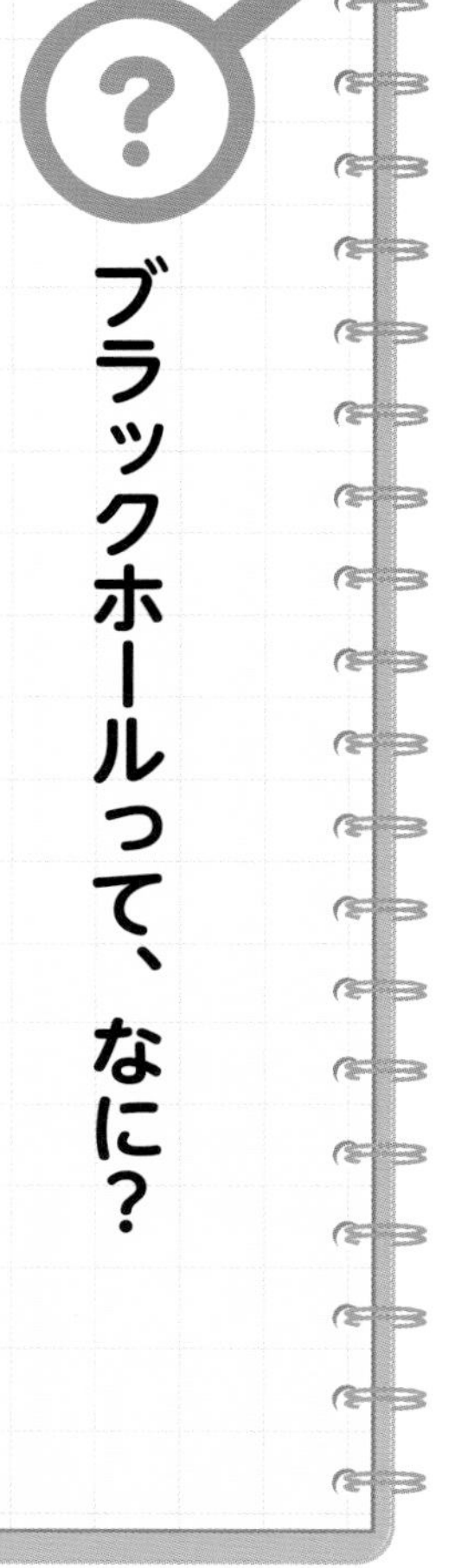

ブラックホールって、なに？

ブラックホールは、とても重い天体です。まず、どれくらい重いかをお話ししましょう。地球を、直径約二センチメートルのビー玉くらいになるまでぎゅっと縮める、と考えてみてください。そうすると、ブラックホールができあがります。この地球をそんなに小さく縮めるなんて、とてもできそうもありませんね。ところが宇宙では、そんなふしぎなことが起きているのです。

太陽の八倍よりも重い星は、数百万から数千万年のあいだかがやいたあと、大ばく発を起こして星の生がいを終えます。そのうち太陽の二十倍以上もの特に重

い星が最後をむかえるとき、外側が大ばく発を起こしても真ん中はまだまだ重いため、自分の重さでつぶれてしまいます。こうしてブラックホールができるのです。ブラックホールは目には見えません。なぜかというと、ものすごく重いために、光までもが吸いこまれて二度と出てこられないからです。では、目に見えないのに、どうやってブラックホールを見つけることができるのでしょう。

はくちょう座を見たことがありますか？夏の大三角をつくる星座として聞いたことがある人も多いでしょう。そのはくちょう座で、世界で初めてブラックホールが確かめられたお話をしょうかいしましょう。

はくちょう座

ブラックホール
（はくちょう座X－1）

あるとき、はくちょう座の首の付近から、とても強いＸ線が出ていることがわかりました。Ｘ線は、電磁波のひとつです。光も電磁波のひとつですが、Ｘ線は光とは波の長さ（波長）がちがいます。このＸ線を使って宇宙を見ることで、目には見えない高温のガスなどを観測できます。

はくちょう座のＸ線が出ている場所には、何も見えませんでした。しかし、すぐ近くにある巨大な星が、まるで「何か」にふり回されているように、すごい速さで回っていました。さらに、その巨大な星からたくさんのガスが「何か」に向かって流れこんでいて、そのためにＸ線を出していることもわかりました。こんなことができるのは、ブラックホールにちがいないと研究者たちは考えたのです。

この場所は「Ｘ－１」と名づけられ、その後、太陽の約二十倍の重さをもつブラックホールであることが確かめられました。

最近、私たちの地球や太陽系が属している大きな星の集まりである銀河系（天の川銀河）の中心に、巨大なブラックホールが見つかりました。このブラックホールは「いて座A*」とよばれ、太陽の四百万倍もの重さをもつこともわかっています。けれども、こんな巨大なブラックホールがどのようにして生まれたのかは、まだ世界中の天文学者が挑戦している大きななぞのひとつです。

ブラックホール
（はくちょう座X－1）の想像図

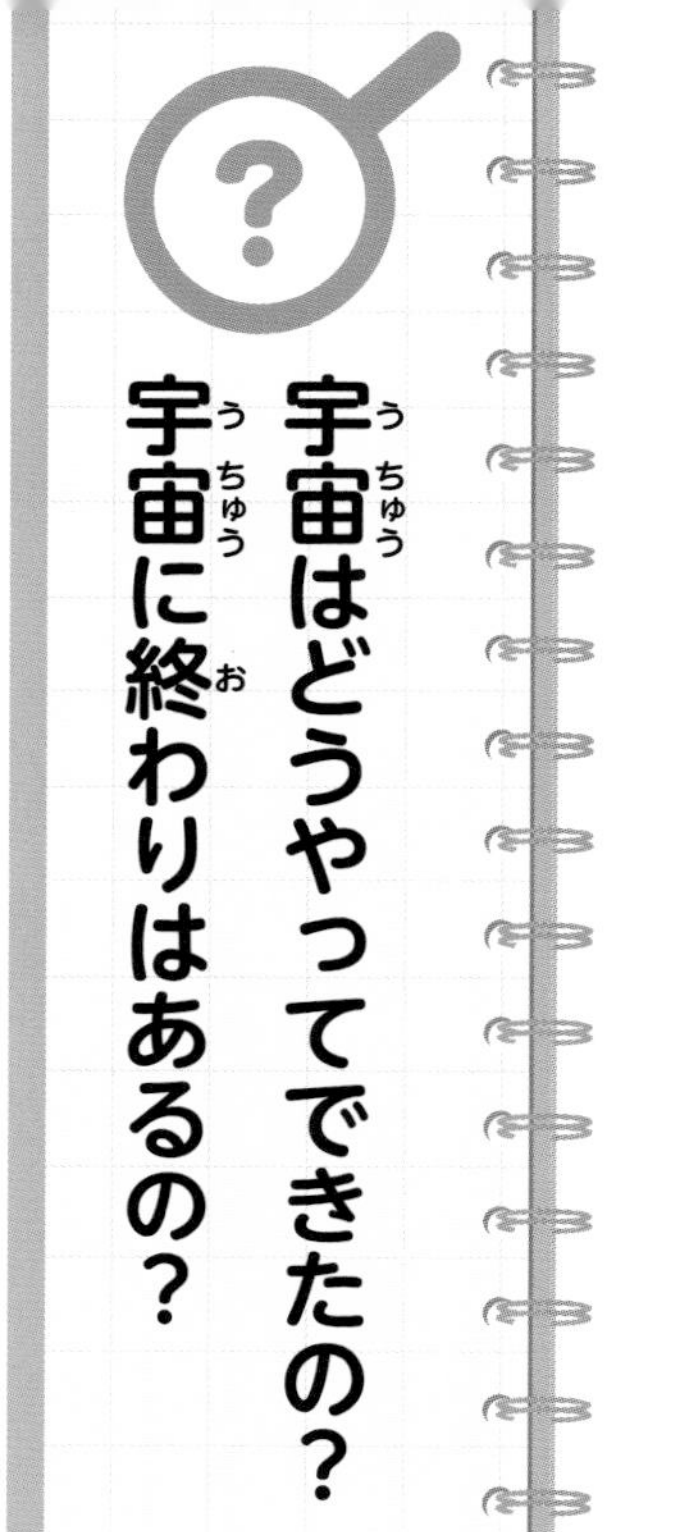

宇宙はどうやってできたの？宇宙に終わりはあるの？

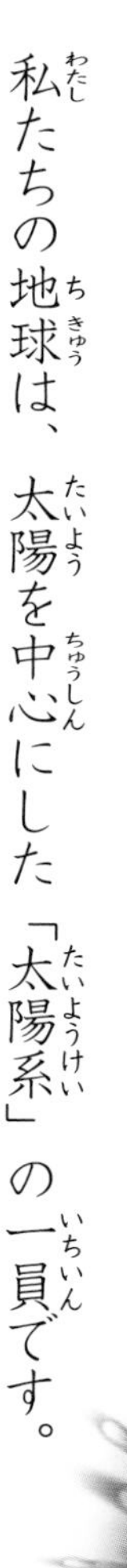

私たちの地球は、太陽を中心にした「太陽系」の一員です。

その太陽系は、たくさんの星が集まった「銀河系（天の川銀河）」のかたすみにあります。そして銀河系は、ほかのたくさんの銀河といっしょに、「銀河群」や「銀河団」というまとまりをつくっています。さらに、もっと大きく見てみると、銀河群や銀河団は、あわのようなかたちにまとまって、何もない空間を取り囲んでいるのです。では、このような宇宙は、どうやってできたのでしょうか。

一九二九年、アメリカの天文学者ハッブルは、銀河は遠くにあるほど速く遠ざかっているということを発見しました。私たちのいる宇宙は、オーブンの中でふくらむパンのように、どんどんふくらみ、銀河と銀河のあいだは、ふくらむぶどうパンの中の干しぶどうのように、どんどんはなれていっているらしいのです。

ふくらみ続けるためには、最初にきっかけがあったはずです。こうして、「宇宙はばく発からはじまった」と考える「ビッグバン宇宙論」が考え出されました。

百三十八億年前、宇宙は何もないところからはじまりました。いっしゅんで、宇宙はものすごく大きくふくらみました。これが「ビッグバン」、大ばく発という意味です。そのあと宇宙はふくらみ続けながら、だんだん冷えていき、星や銀河をつくりはじめ、今のようになったと考えられています。

星はとても遠くにあるので、星の光が私たちまで届くのには時間がかかります。

だから遠くの星を見ることは、宇宙の昔を見ることになります。

二〇一六年、アメリカの「ハッブル宇宙望遠鏡」は、百三十四億光年という遠いところにある銀河を見つけました。一光年は光が一年間に進むきょりです。つまり、この銀河がどのようなものかわかれば、私たちは百三十四億年前の宇宙を知ることができるのです。二〇二一年には、ハッブルよりも高い性能をもつ「ジェームズ・ウェッブ宇宙望遠鏡」が打ち上げられ、もっと遠い宇宙の観測がはじまりました。科学が宇宙のはじまりを明らかにする日は近いでしょう。

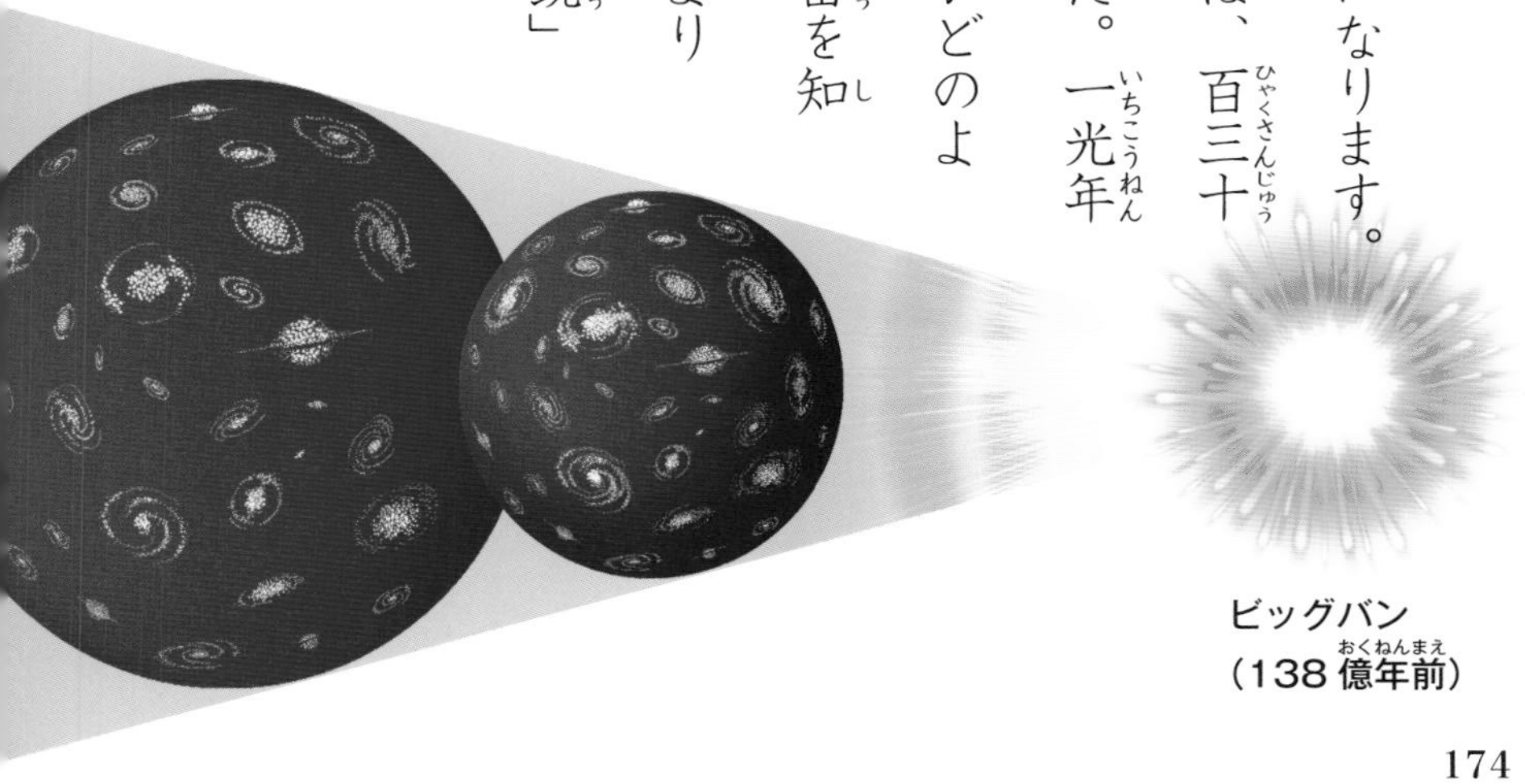

ビッグバン
（138億年前）

ビッグバンによってはじまった宇宙は、これからどうなっていくのでしょうか。

最近、遠くの超新星の観測によって宇宙のふくらむ速さはどんどん速くなっていることがわかりました。

私たちの宇宙はこのまま永遠にふくらみ続けるのか、ふくらみすぎて消えてしまうのか、それともふくらむのをやめて、縮むときが来るのか、それはまだわかっていません。

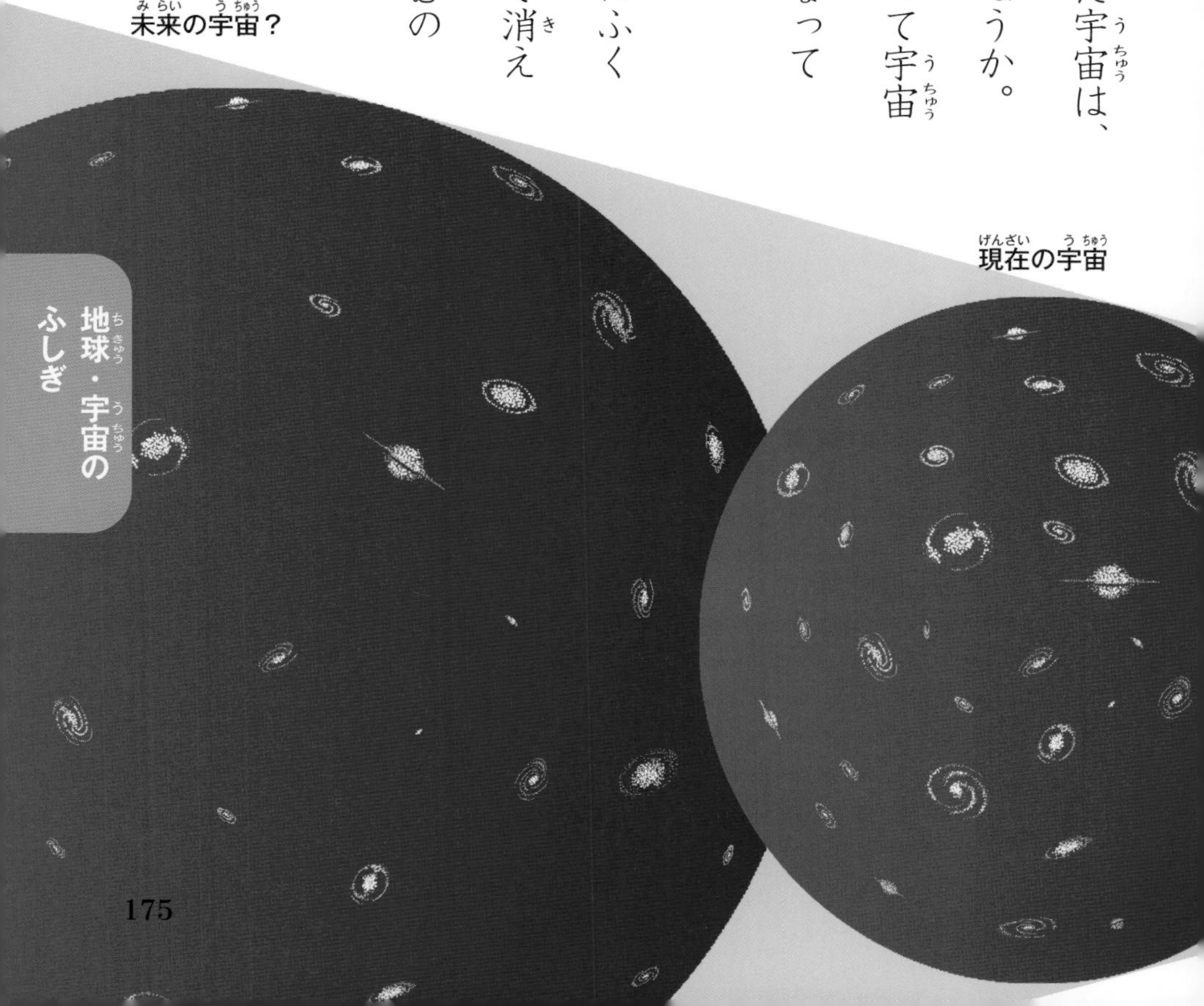

未来の宇宙？

現在の宇宙

特集
宇宙の環境編

宇宙って、どんなところ？

宇宙飛行士が宇宙に飛び立つたびに、自分も宇宙に行ってみたいなって思いませんか？
宇宙がどんなところなのか、のぞいてみましょう。

Q どこからが宇宙なの？

A 「宇宙」は、広い意味では私たちの住む地球もふくむ、すべての世界を表したりもしますが、一ぱん的には地球の地上から、高さ100 kmより上の空間を「宇宙」とよんでいます。

Q 宇宙って、どんなところなの？

A まず、宇宙には空気がありません。空気のない状態を「真空」といいます。真空だと息ができないのは当然ですが、音を伝える空気がないため音も聞こえなくなります。また、日なたと日かげの温度差が激しくて、太陽の光が当たっているところは 100℃以上、当たらないところは－100℃以下にもなります。

もうひとつの大きな特ちょうは、飛んでいると「無重量状態」になることです。重さがなくなって、あらゆるものがフワフワとただよい、上下の区別がなくなります。

Q 宇宙にゴミがあるって本当？

A 本当です。「スペースデブリ」ともいいます。使い終わった人工衛星の半分近くは、そのままゴミとなって地球の周りを高速で回り続けています。これらがロケットやほかの人工衛星などにぶつかると危険なため、問題になっています。

Q 宇宙服は１着いくらくらいするの？

A アメリカのNASA（アメリカ航空宇宙局）で開発された宇宙服（船外活動用）は、１着およそ10億5000万円でした。身にまとうスーツ部分が約１億円で、背中に背負った生命い持システムが約９億5000万円もします。宇宙空間で宇宙飛行士を守る高性能な宇宙服。高いと思いますか、安いと思いますか？

Q 宇宙服を着ないで外に出るとどうなるの？

A 宇宙服は、空気のない真空状態や、何百度もある激しい温度差から身を守ってくれます。宇宙服がないと息ができませんし、日なたでは丸こげ、日かげでは凍りついてしまうでしょう。また宇宙空間には、「宇宙線」とよばれる目に見えない有害な放射線や電磁波が飛び交っています。それらからも宇宙服は身を守ってくれます。

特集 宇宙の生活編

Q 宇宙で暮らすと、どうなるの？

A 宇宙ステーションの中は空気があり、温度やしつ度も調整されています。しかし無重量状態なので、骨や筋肉が弱くなってしまいます。また血液などが上半身に集まるため、顔が丸くなり、足が細くなります。

Q 国際宇宙ステーションって何？

A 地上から約400km上空に建設された巨大な宇宙ステーションです。英語名の頭文字をとって「ISS」ともいいます。地球の周りを、1周約90分というスピードで回りながら、宇宙でしかできない実験や研究、地球や星の観測などを行っています。いろいろな国が協力して建設しました。

Q 宇宙食って、どんなもの？　おいしいの？

A 昔の宇宙食は、チューブ入りのドロドロしたものや、一口サイズのかたまりでした。しかし現在では約300種類ものメニューがあり、地上の食事と同じようになっています。ただし無重量状態の宇宙では、飛び散ってしまわないようプラスチックの容器などに入っています。

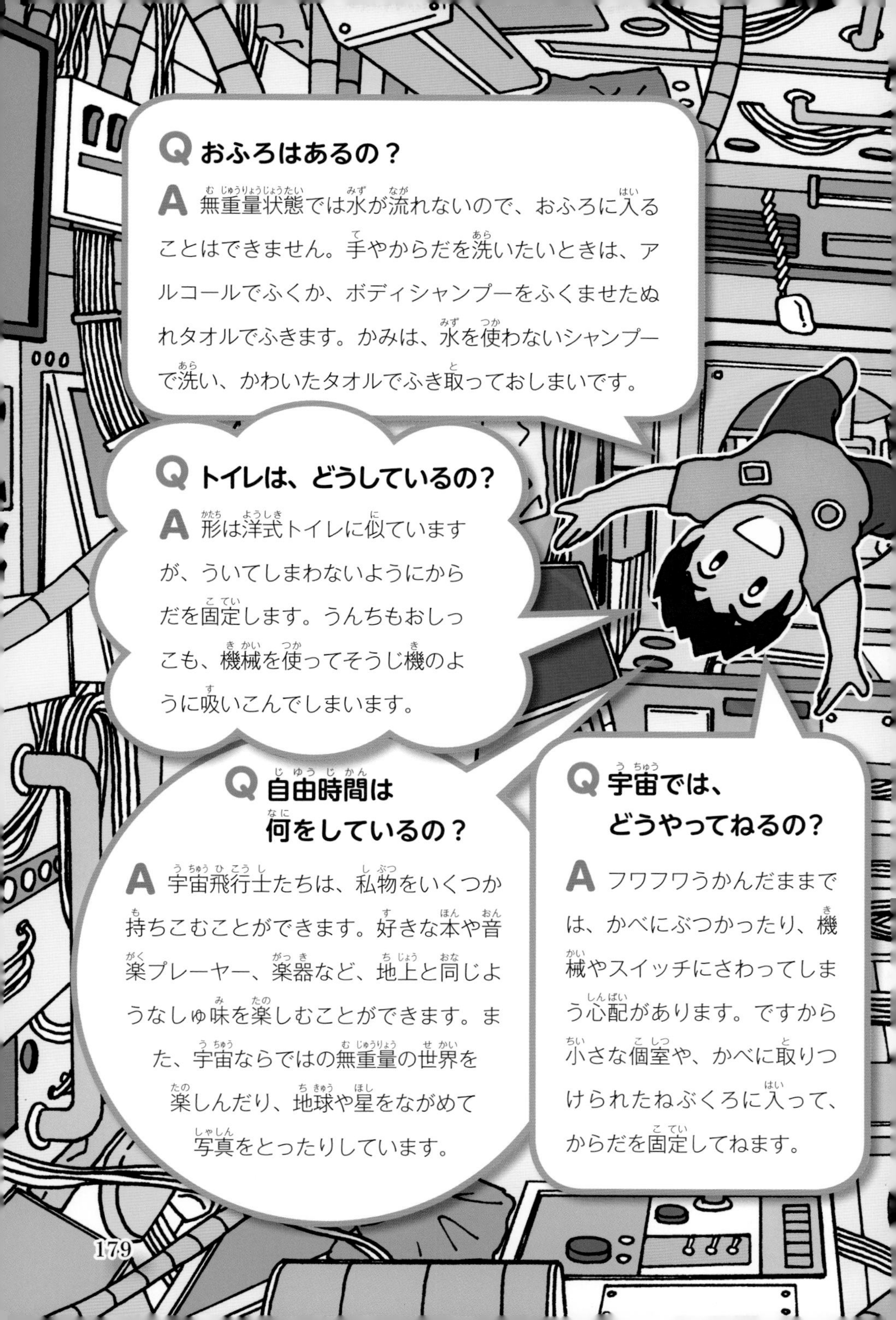
Q おふろはあるの？
A 無重量状態では水が流れないので、おふろに入ることはできません。手やからだを洗いたいときは、アルコールでふくか、ボディシャンプーをふくませたぬれタオルでふきます。かみは、水を使わないシャンプーで洗い、かわいたタオルでふき取っておしまいです。
Q トイレは、どうしているの？
A 形は洋式トイレに似ていますが、ういてしまわないようにからだを固定します。うんちもおしっこも、機械を使ってそうじ機のように吸いこんでしまいます。
Q 自由時間は何をしているの？
A 宇宙飛行士たちは、私物をいくつか持ちこむことができます。好きな本や音楽プレーヤー、楽器など、地上と同じようなしゅ味を楽しむことができます。また、宇宙ならではの無重量の世界を楽しんだり、地球や星をながめて写真をとったりしています。
Q 宇宙では、どうやってねるの？
A フワフワうかんだままでは、かべにぶつかったり、機械やスイッチにさわってしまう心配があります。ですから小さな個室や、かべに取りつけられたねぶくろに入って、からだを固定してねます。

特集 宇宙飛行士編

Q 視力が悪くて、虫歯があっても大丈夫？

A 眼鏡やコンタクトレンズをしたときの視力が 1.0 以上あれば、大丈夫です。コンタクトレンズは、宇宙でも使えるんですよ。虫歯も、ちゃんと治してあれば問題ありません。

Q 英語ができないと宇宙飛行士になれないの？

A 宇宙開発の仕事には多くの国の人びとが関わっています。国際宇宙ステーションはもちろん、地上の管制官たちと連らくを取り合うときも、英語を共通語として使います。

Q いちばん大事な資質って何？

A 宇宙飛行士に求められる最も大切な資質は「協調性」、だれとでも仲良くやっていける心です。初めて出会う年も性別も国もちがう人たちと、せまい空間の中で協力し合いながら生活するのです。自分勝手では、何もうまくいきませんよね。

宇宙飛行士になるには？

- □ 3年以上、社会人として経験をつんでいること。
- □ 英語で会話ができること。
- □ 一般的な教養、科学、技術、工学、数学の知識がある。
- □ 身長149.5 ～190.5 cm、視力 1.0 以上。
- □ 自分の体験や成果などを伝える豊かな表現力と発信力がある。――など

（※宇宙航空研究開発機構が、2021 年度に宇宙飛行士をぼ集したときの一例。）

イラスト／むさしのあつし

身近(みぢか)なふしぎ

イラスト／むさしのあつし

どうして電子レンジで、食べ物が温まるの？

冷めた食べ物や冷凍食品、牛乳など、いろいろな食品を温められる電子レンジは、とても便利ですよね。火を使っているわけでもないのに、どうやって食べ物を温めているのでしょうか。

電子レンジは、「マイクロ波」という電波で食品を温めています。電波は目には見えませんが、とても細かい波の性質をもっていて、とくにマイクロ波は一秒間に二十四億五千万回もしん動しています。この細かい波が食品に当たると、食品の中にふくまれている水の細かいつぶ（分子）もしん動します。じつは、物を

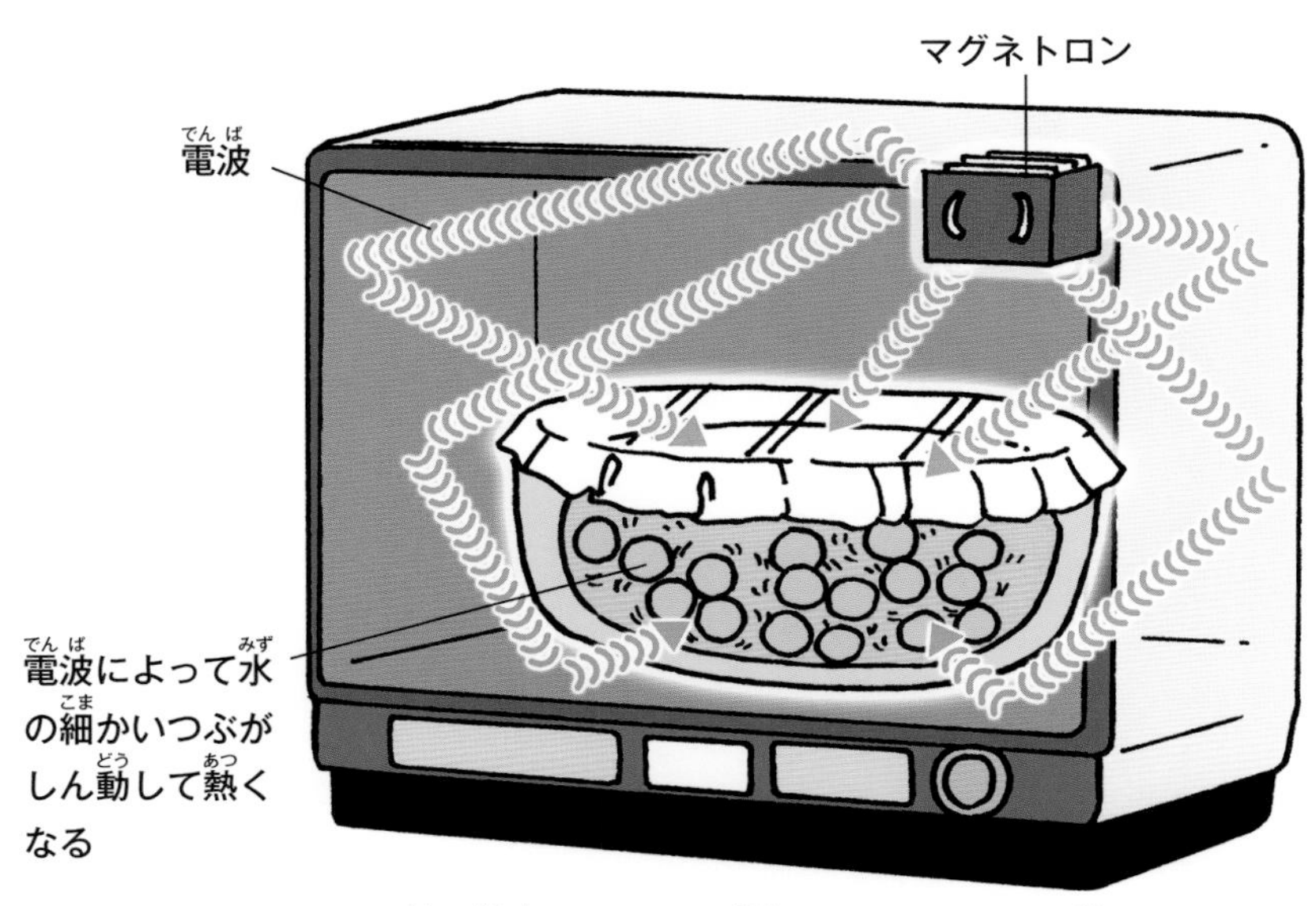

※故障や火災の原因になりますので、電子レンジでアルミホイルを使うのはやめましょう。

つくっているつぶがしん動していることを、私たちは「熱をもっている」ととらえています。つまり、電波で水のつぶが熱くなるのです。それで食品が中から温められるというわけです。

マイクロ波は、金属に当たるとはね返る性質をもっています。ですから、アルミホイルで食品を包んで電子レンジで温めても、中の食べ物は温かくなりません。

また、マイクロ波は、たい熱ガラスや瀬

戸物などのうつわは通りぬけてしまう性質をもっています。だから、ごはんを茶わんなどに入れて温めると、マイクロ波は食器を通りぬけて、ごはんだけを温めることができるのです。ただし、温められた食品の熱が伝わって、食器が熱くなることがあるので注意しましょう。

電子レンジの中には「マグネトロン」という装置が取りつけてあって、マイクロ波は、ここで発生します。電子レンジの内側のかべは金属でできていますので、マイクロ波がぶつかってもはね返って、いろいろな方向から食品に当たるように工夫されているのです。とびらにはガードスクリーンが張ってあって、マイクロ波が外に出ないようにしてありますが、中をのぞきこんだりしないようにしましょう。

しゅん間接着ざいは、なぜすぐにくっつくの？

ふつうの接着ざいは、固まってくっつくまで、少し時間がかかりますよね。だけど、しゅん間接着ざいは、ほんの少しの量で、あっという間に固まって、くっつけることができます。どうしてでしょう。

すべての物質は、「分子」とよばれる目に見えないほど小さなつぶで、できています。しゅん間接着ざいは、ほとんどが「シアノアクリレート」という成分でできています。このシアノアクリレートの分子は、容器の中にあるときは、ばらばらになっているのですが、少しでも水分にふれると、分子同士がしゅん間的にぎゅっと手をつないで、固まってしまうという性質をもっています。固まるとカチカチのプラスチックになり、これがくっつける物の表面に食いこんで、強力に接着してしまうのです。

では、水分はどこにあるかというと、空気中やくっつけようとする物の表面にたくさんあります。ふつうの水のようにつぶ（分子）が集まっていないので、目に見えないのです。

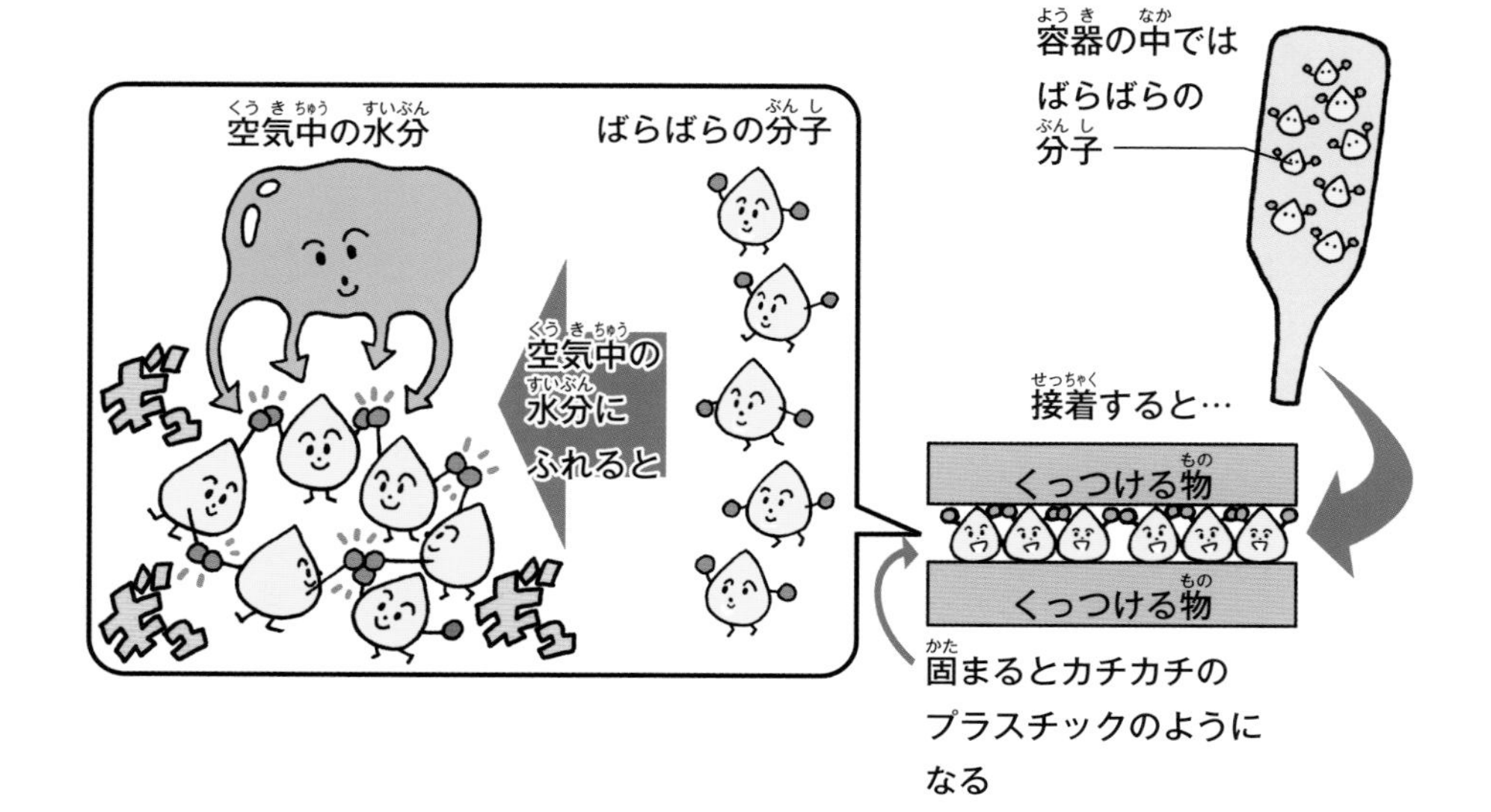

しゅん間接着ざいは、水分にふれなければ固まりませんから、使い終えたら空気が入らないようにしっかりふたをすれば、長いあいだ保管ができます。

もし指についてしまったら、あわてず、固まってしまったしゅん間接着ざいをとかしましょう。シアノアクリレートは「アセトン」という液体でとかすことができます。お店で売られている「はがし液」には、このアセトンが入っています。マニキュアを落とす「除光液」にもアセトンがふくまれていますので、代用できます。手元に何もなければ、四十度くらいのお湯の中でゆっくりともみほぐしましょう。時間はかかりますが、固まったしゅん間接着ざいがぽろぽろになってはがれます。

身近なふしぎ

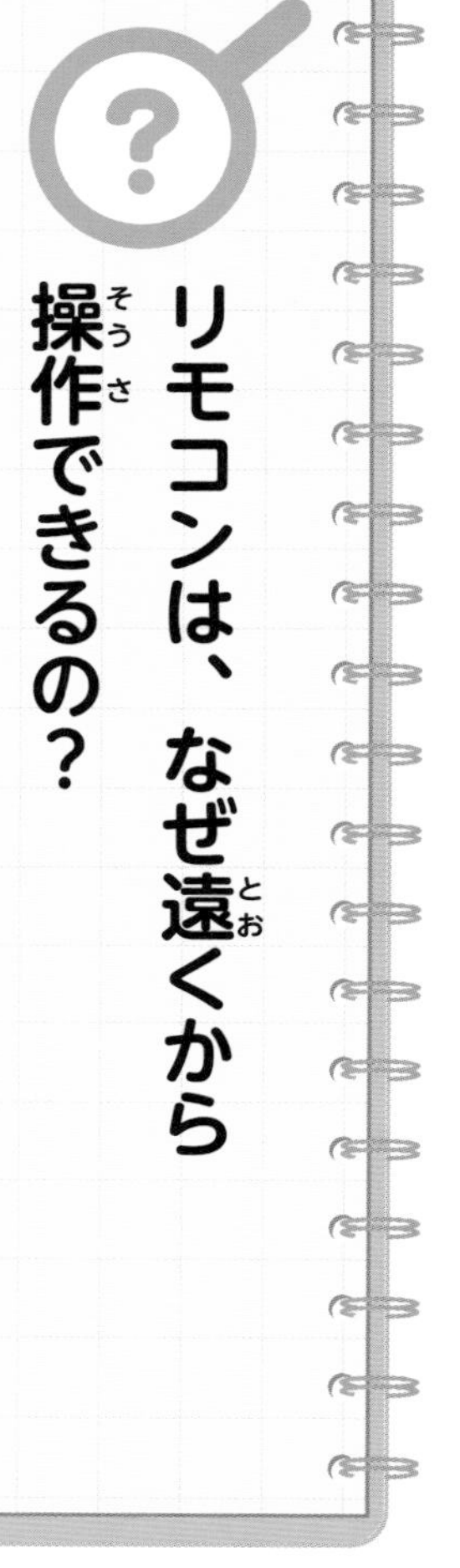

リモコンは、なぜ遠くから操作できるの？

テレビのリモコンは、はなれていてもスイッチを入れたり、チャンネルを変えたり、音の大きさを調節できたりして便利ですよね。ほかにもエアコンや照明にもリモコンのついたものがあります。

リモコンは、どうやってはなれた場所のものを操作しているのでしょう。じつは、光を出して信号を送っているのです。光といっても「赤外線」という、目に見えない光です。

太陽の光は、おおまかに赤、だいだい、黄、緑、青、紺、紫などのいろいろ

な色の光がまざっています。このように、人が感じられる色の光を「可視光線」といいます。しかし、光には可視光線のほかに、見えない光があります。そのひとつが赤外線です。可視光線の赤色の外側にあるので赤外線といいます。逆に紫色の外側には、やはり目に見えない紫外線があります。

さて、リモコンのボタンをおすと、リモコンから赤外線が出ます。それがテレビ本体の光を受け取る部分に当たって、中の装

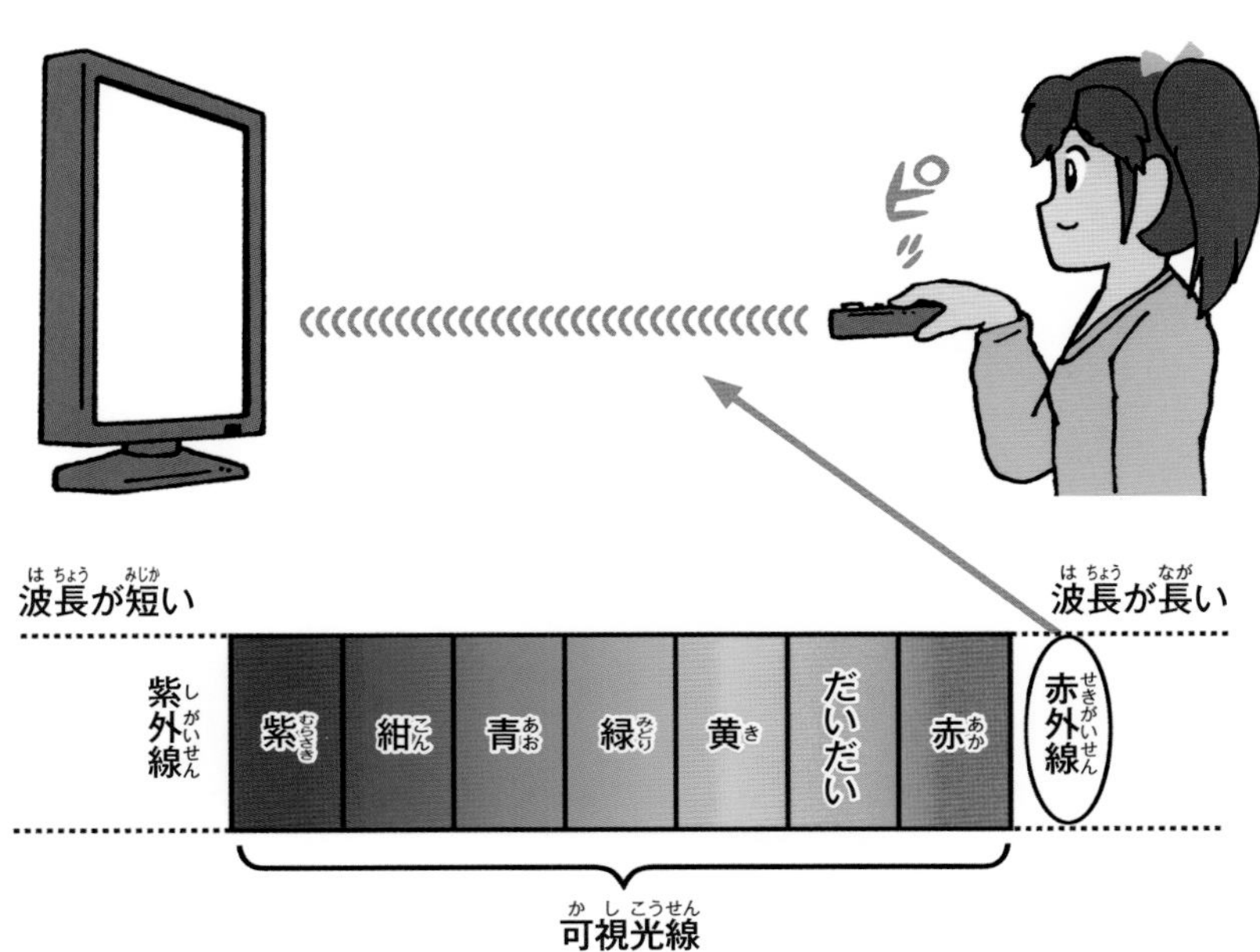

置がはたらき、テレビの操作をするのです。どのボタンをおしたかは、光ったり消えたりする回数やタイミングで判断しています。たとえば「ピカーッ、ピカピカ」だったら1チャンネル、「ピカピカーッ、ピカピカ」だったら2チャンネルというような感じです。実際は、とても速い速度で光が点めつしていますから、いっしゅんですけどね。

もしも、テレビとのあいだに何か物があると、赤外線がさえぎられて進むことができず、信号が送れません。テレビの前にだれかが立っていたりすると、リモコンがきかないときがありますよね。また、光は鏡などに反射しますから、テレビと反対方向に鏡を置いて、そちらに向かってリモコン操作をしてみてください。いったい、どうなるでしょう。

冷蔵庫は、どうやって中の物を冷やしているの？

電気を使って熱を出すというのはなんとなく想像できますが、逆に冷やすってどのようなしくみなのでしょう。冷蔵庫がどうやって中の物を冷やしているか、その秘密は「気化熱」にあります。

たとえば、注射を打つときに、消毒のためにアルコールではだをふきますよね。そのとき、アルコールのついた部分がひんやりとしませんか？　あれはアルコールが蒸発するときに、はだから熱をうばっているからです。液体が気体に変わるときには、その変化に必要なエネルギーを、周りから熱のかたちでうばいます。

このときにうばわれた熱を、「気化熱」といいます。暑い夏の日に、道路に水をまくとすずしくなるのも、水が蒸発するときに地面の熱をうばう、気化熱の性質のおかげなんですよ。

冷蔵庫は、この気化熱の性質を利用しています。冷蔵庫の中の熱を、気化熱でうばって冷やし、熱を外に出しているのです。

冷蔵庫のとびら以外の食品を入れる部分の周りには、内側にガスを閉じこめたパイプが張りめぐらされています。このガスは、圧力をかけると液体になり、圧力を下げると気体に変わります。そして、液体から気体に変わるときに、気化熱の作用で冷蔵庫の中を冷やすのです。冷蔵庫はこの「気体→液体→気体」の変化をくり返し行っています。

中に閉じこめられているガスは「冷ばい」といいます。以前は特定フロンというガスを使っていましたが、地球を守っているオゾン層をこわすなど、環境によくないことがわかったので、イソブタンというガスを使うようになりました。

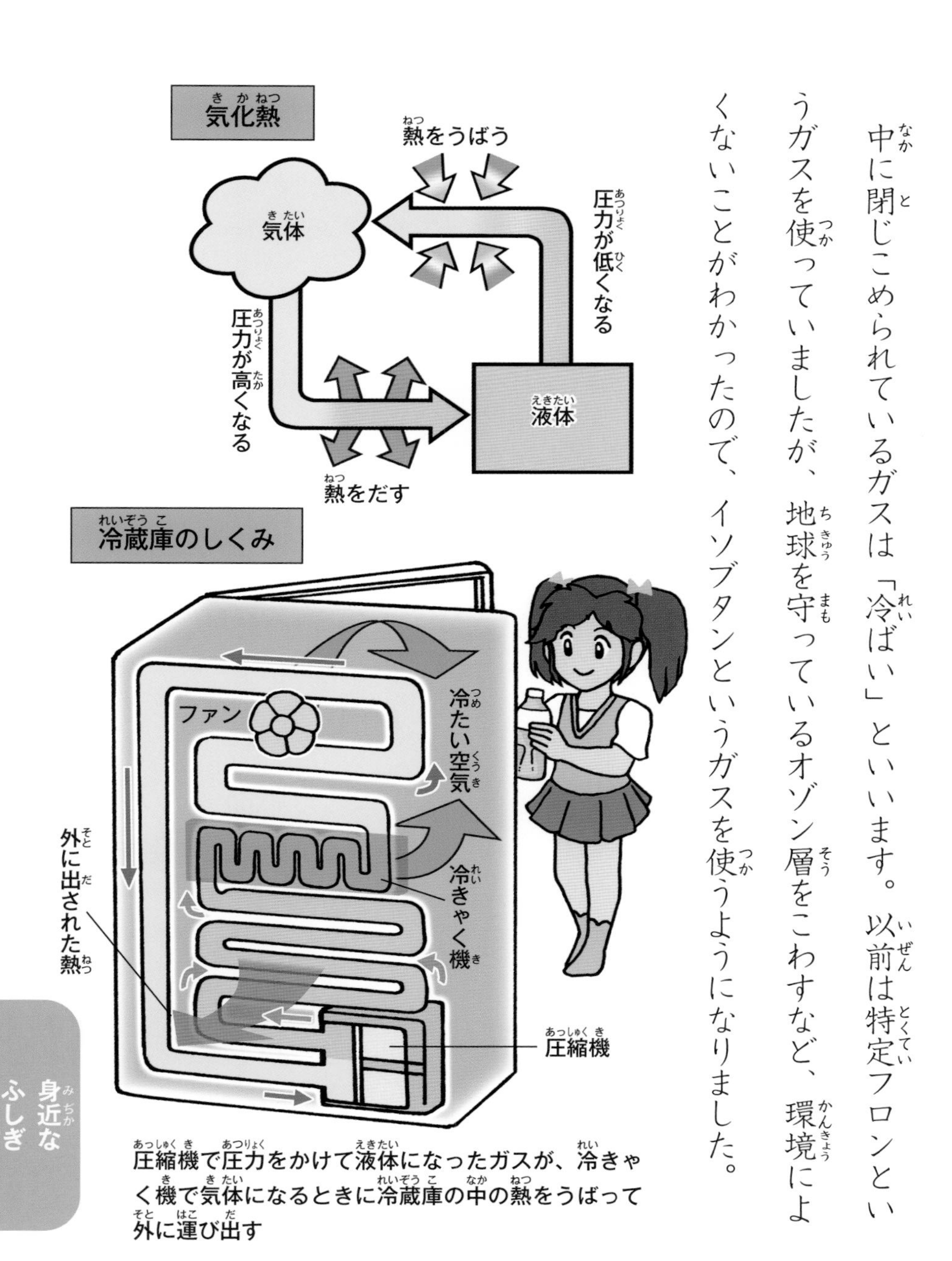

圧縮機で圧力をかけて液体になったガスが、冷きゃく機で気体になるときに冷蔵庫の中の熱をうばって外に運び出す

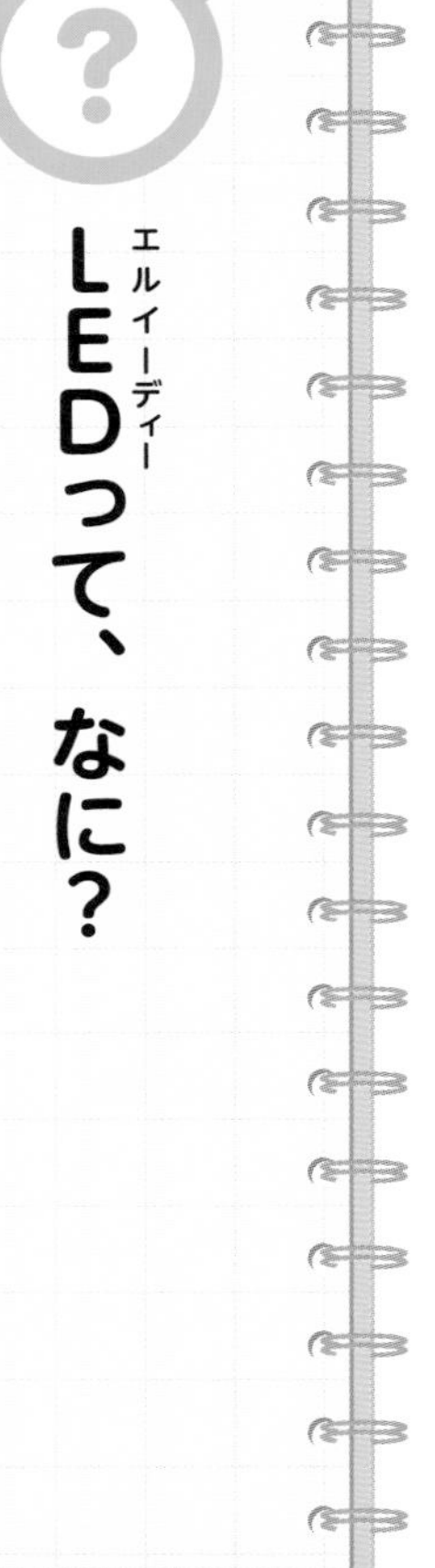

LEDって、なに？

LEDというのは「ライト・エミッティング・ダイオード」という英語の頭文字をとったもので、日本語では「発光ダイオード」ともいいます。

とう明なプラスチックなどのケースの中に「半導体」とよばれる小さな部品が入っていて、電気を流すと光を出すしくみになっています。白熱電球やけい光灯にかわる、新しい照明として急速に広がっています。

LEDには、今までの照明にはない、よい部分がたくさんあります。まず電気のエネルギーを光に変えるときにむだが少なく、使う電力が少なくてすみます。

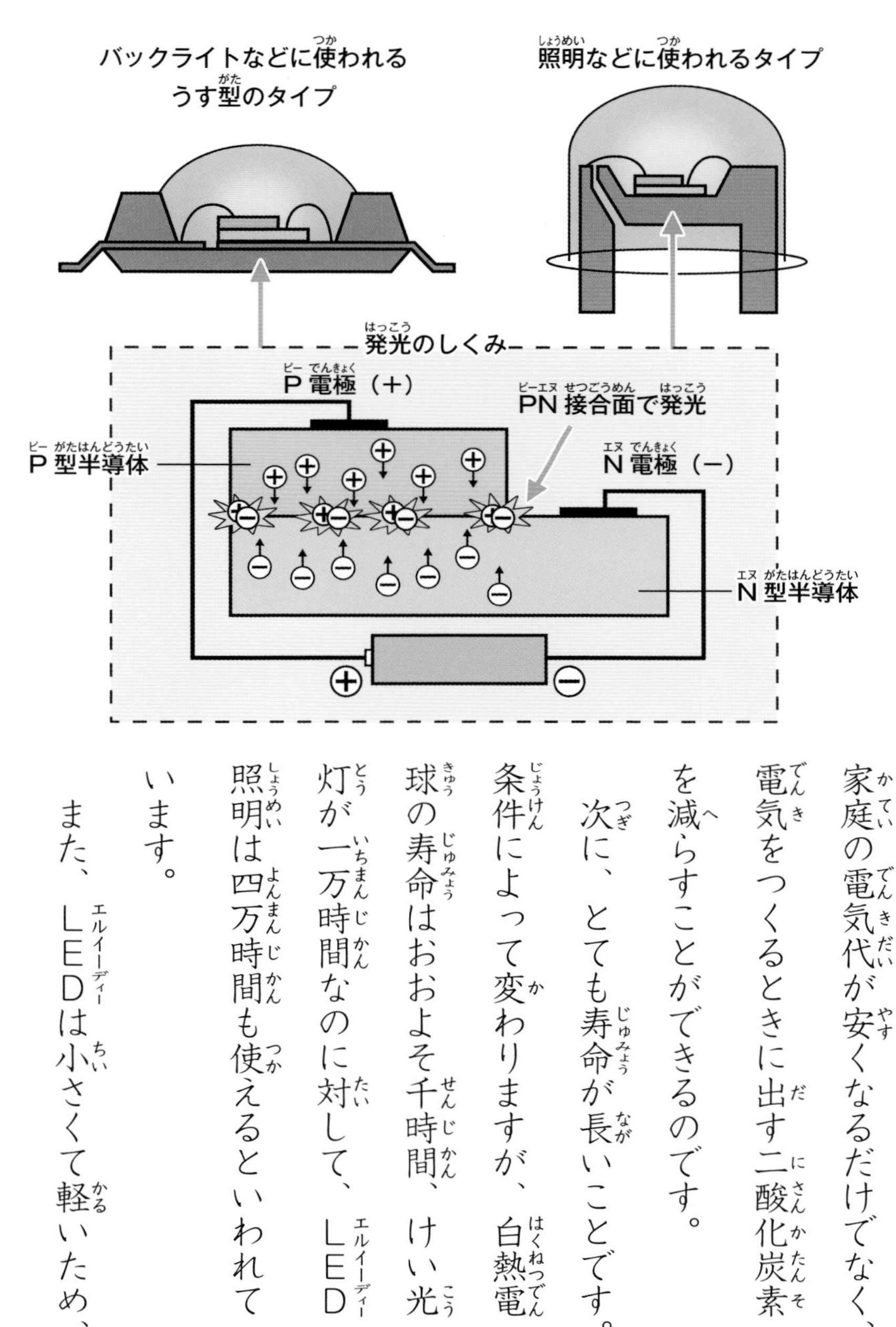

家庭の電気代が安くなるだけでなく、電気をつくるときに出す二酸化炭素を減らすことができるのです。

次に、とても寿命が長いことです。条件によって変わりますが、白熱電球の寿命はおおよそ千時間、けい光灯が一万時間なのに対して、LEDの照明は四万時間も使えるといわれています。

また、LEDは小さくて軽いため、

部屋の照明
TV
モニター
電光けい示板
LED
大画面モニター
東京スカイツリー
街灯
スタジアム
信号機
ふみ切りの警報機
スマートフォンのパネル
イルミネーション
カーナビゲーションのモニター
自動車のライト
かい中電灯

照明だけでなく、スマートフォンのバックライトや液晶テレビ、信号機など、さまざまなところで使われています。ほかにも、ほとんど熱を出さない、しん動に強い、明るくて見やすいなどの特ちょうがあります。

LEDは、光自体に色がついているのも大きな特ちょうです。LEDをつくっている材料の、アルミニウムやちっ素などの組み合わせによって、出る光の色が変わるのです。最初に開発されたときには、赤と黄緑色しか出せませんでしたが、一九九三年に日本人によって青色が開発され、一九九五年には緑色が開発されました。すべての色は、赤、青、緑の「光の三原色」の組み合わせでできています。ですからLEDも、赤、青、緑の三色がそろったことで、いろいろな色を出せるようになったのです。

身近なふしぎ

バーコードで、どうして値段がわかるの？

スーパーやコンビニエンスストアのレジでは、光の出る機械を持って商品に当てたり、機械の上を商品が通るようにしただけで、「ピッ」と音がして値段や商品名がわかるようになっています。最近ではあまり見かけなくなりましたが、以前は商品の値段を確かめて、レジの人が手で数字のボタンをおして、値段を打ちこんでいました。

どうして、今は簡単に値段や商品がわかるのでしょうか？　それは商品についているバーコードを機械で読み取っているからです。「バーコード」とは、

バー（棒）で書かれたコード（記号）という意味です。バーコードを見ると、どれも白と黒のバーが並んでいるだけに見えますが、それぞれにバーの太さや並び方がちがいます。そのちがいで、0から9までの数字を表しているのです。

この決まりは、世界中でいろいろなタイプがあって、日本で日用品や食品などに使われているのは「JANコード」とよばれるものです。8けたか13けたの数字を表し

8けたのバーコード

4996 8712

国コード
メーカーコード
アイテムコード
チェックデジット

13けたのバーコード

4 569951 116179

国コード
メーカーコード
アイテムコード
チェックデジット

ていて、バーコードの下には数字も書いてあります。

　しかし、この数字がそのまま値段を表しているわけではありません。たとえば13けたのバーコードなら、まず最初の2けたは国を表しています。日本製なら45か49です。次の5けたはメーカーコード。つくった会社を表しています。次の5けたはアイテムコードで、品

チェックデジットがわかる！

①チェックデジット以外の12けたの右はしから、奇数けた（●）の数字を、すべて足します。
▶ 7+6+1+5+9+5=33

②奇数けたの合計に3をかけます。
▶ 33×3=99

③今度はチェックデジット以外の12けたの右はしから偶数けた（▲）の数字を、すべて足します。
▶ 1+1+1+9+6+4=22

④上の計算で出た2つの数を足します。
▶ 99+22=121

⑤足した数の1の位を、10からひきます。
これが、「チェックデジット」の数字になるはず！
▶ 10−1=9
チェックデジットの数字

物の種類を表しています。そして最後の1けたはチェックデジットといって、その前の12けたが正しいかどうか、確かめるための数字です（メーカーコードが7けた、アイテムコードが3けたのものもあります）。

レジでこうした情報を読み取ると、コンピュータに記録した商品の値段を読み出してくれるのです。

では、どのように読み取っているかというと、バーコードに光を当てて、反射する光を読み取っています。コンビニエンスストアなどによくある読み取り用の機械をよく見ると、バーコードに当てる部分が光っていることに気づくと思います。スーパーなどで見かける大型の機械では、バーコードにいろいろな方向から光を当てているので、さっとかざすだけで読み取ることができるのです。

けい帯電話やスマートフォンで、話ができるのはなぜ？

いつでも、どこでも電話がかけられるけい帯電話やスマートフォンは、とても便利ですよね。だけど、けい帯電話に限らず、電話は、どうやってはなれた場所にいる相手に声を届けているのでしょうか？

声や音というのは、空気をしん動させた波です。声が聞こえるのは、しん動が空気に伝わって、空気のふるえとなって耳に届くのです。電話は、この音の波を電気の信号に変かんして送っているのです。電話で話すと、送話器についているしん動板が声でふるえて、ふるえ方を電気の信号に変えます。この電気の信号が

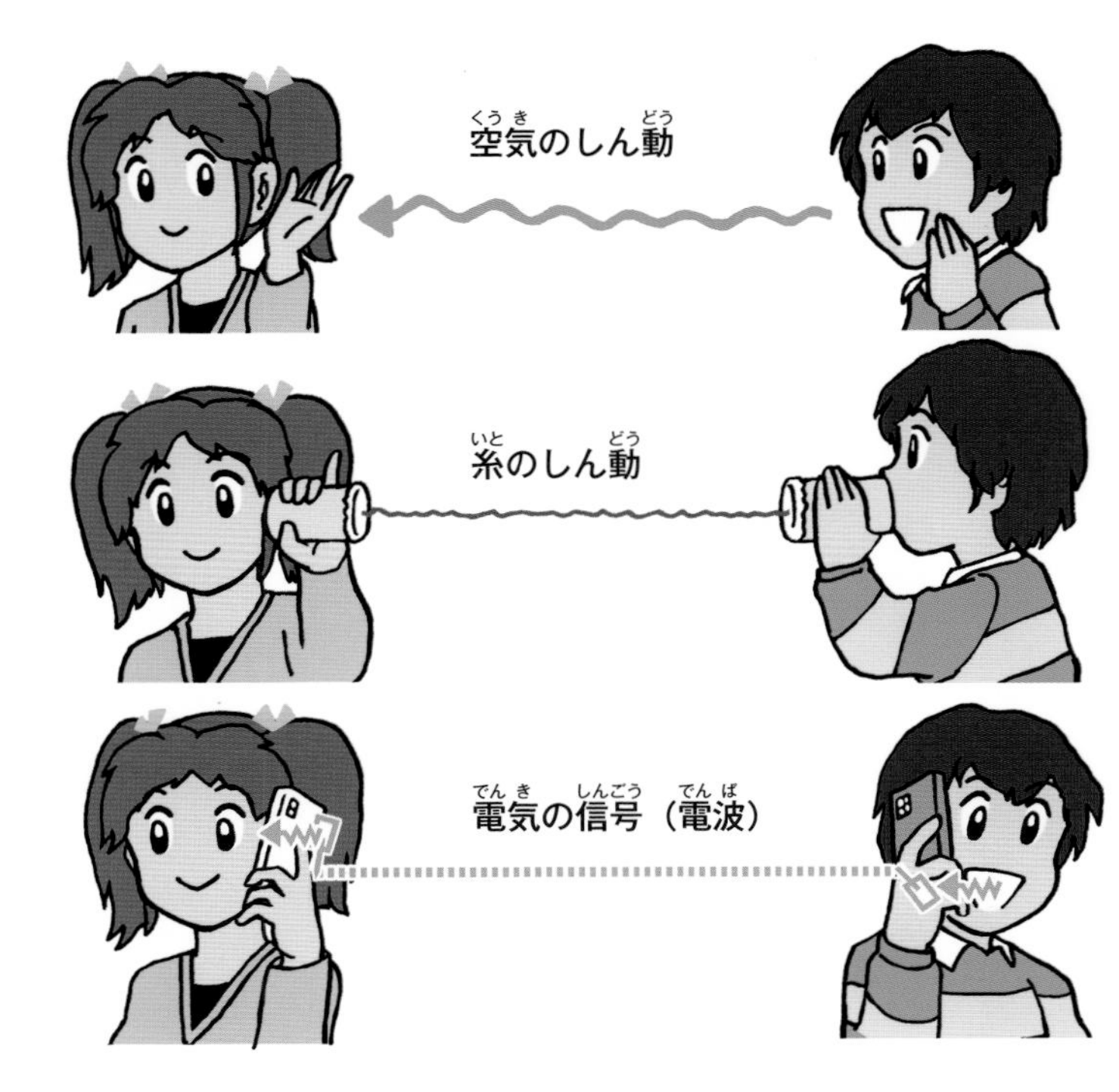

電話線を通って相手に届き、今度は受話器についているしん動板をふるわせて、声として伝えます。

では、けい帯電話は電話線につながれていないのに、どうやって電気の信号を送っているのでしょうか。

じつは、電気の信号を電波に変えて送っているのです。電波は目に見えない電気と磁気のしん動です。空中や何もない空間でも伝わっていくの

身近なふしぎ

で、電話線がなくても送れるのです。

だけど、けい帯電話同士が直接、電波のやり取りをしているわけではありません。けい帯電話から発信された電波は、いったん、近くにある無線基地局に送られます。そこから電話線を伝って、家庭の電話に伝えられたり、相手側の無線基地局に送られて、再び電波に変えられてけい帯電話に送られたりするのです。

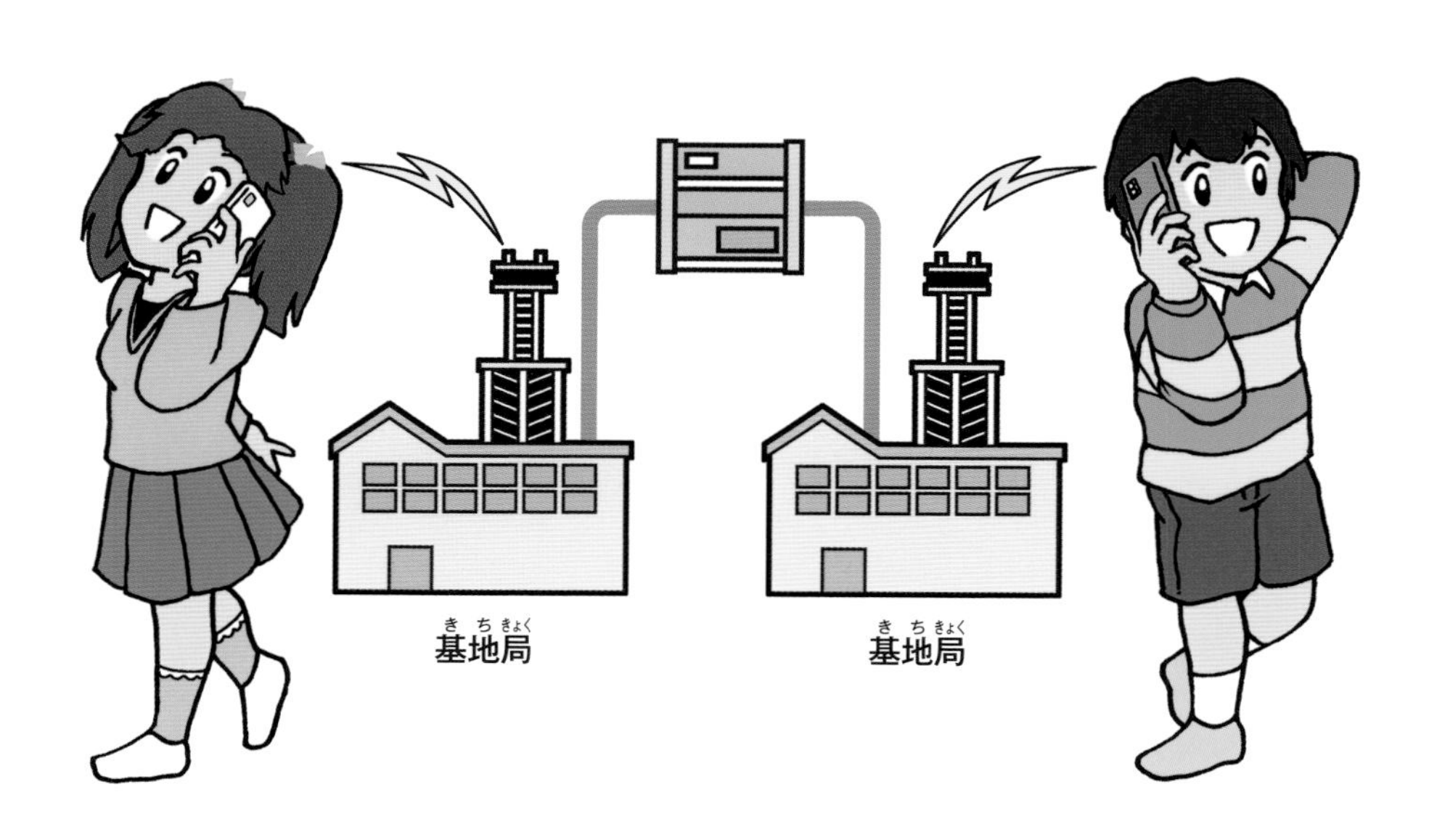

無線基地局には、広い地域をカバーできるものと、せまい地域だけをカバーするものがありますが、どちらにしてもカバーできるはん囲は限られています。ですから、だいたい半径一キロメートルから十キロメートルのあいだに、重なり合うようにいくつもつくられています。移動しながら通話していても、通話がと切れてしまわないのは、最も近い無線基地局を、けい帯電話が自動的に探して、次つぎに切りかえているからなのです。

声のほかにも、文字や映像のデータも信号に変かんして電波で送ったり、受け取ったりすることができます。ですから、けい帯電話は通話はもちろん、メールやメッセージを送ったり、インターネットのウェブサイトを見たりできるのです。

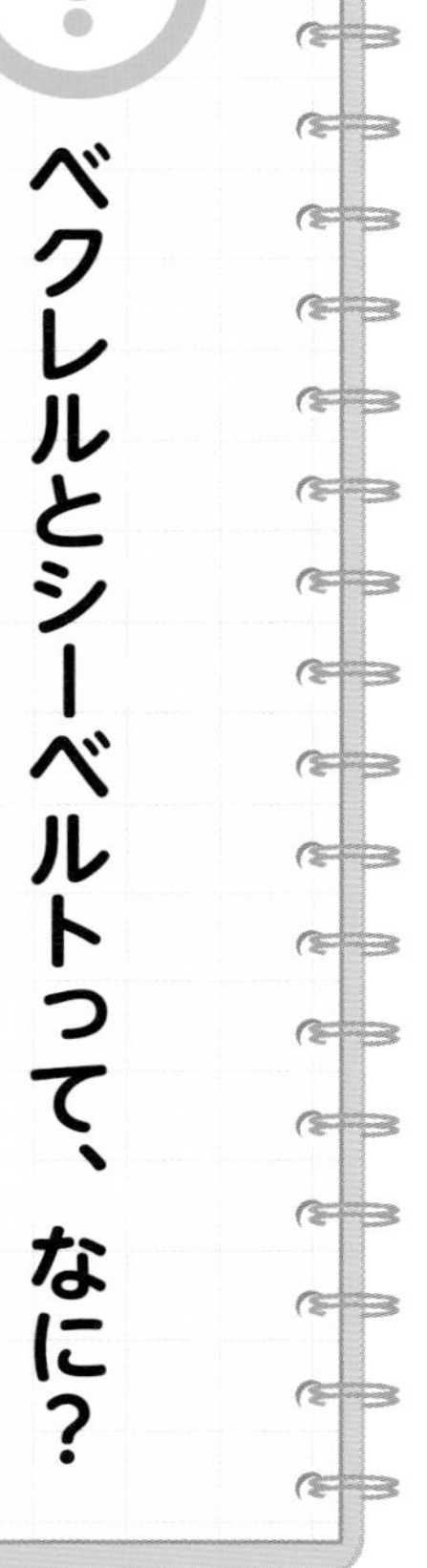

ベクレルとシーベルトって、なに？

みなさんは、「ベクレル」とか「シーベルト」という言葉を聞いたことがありますか？ これは「グラム」や「メートル」と同じように、なにかの量を表す単位です。では、なんの単位かというと、「放射能」に関するものです。また「放射能」のほかに「放射線」や「放射性物質」という言葉もあります。これらはすべて別の意味なのでしょうか。まず、これらの言葉についてお話ししましょう。まず「放射線」というのは、目に見えないエネルギーのビームのようなものです。はだにも感じませんし、においもまったくありません。しかし、生物のから

だにえいきょうをあたえることもあります。放射線は、専用の器具によって計測できます。アルファ線、ベータ線、ガンマ線、中性子線などの種類があって、種類によって強さがちがいますが、ものを通りぬける力があります。レントゲン写真をとるときに使われるX線も放射線の一種です。

この放射線を出す物質のことを「放射性物質」といい、放射線を出す能力

「放射線」と「放射性物質」と「放射能」をかい中電灯でたとえると…

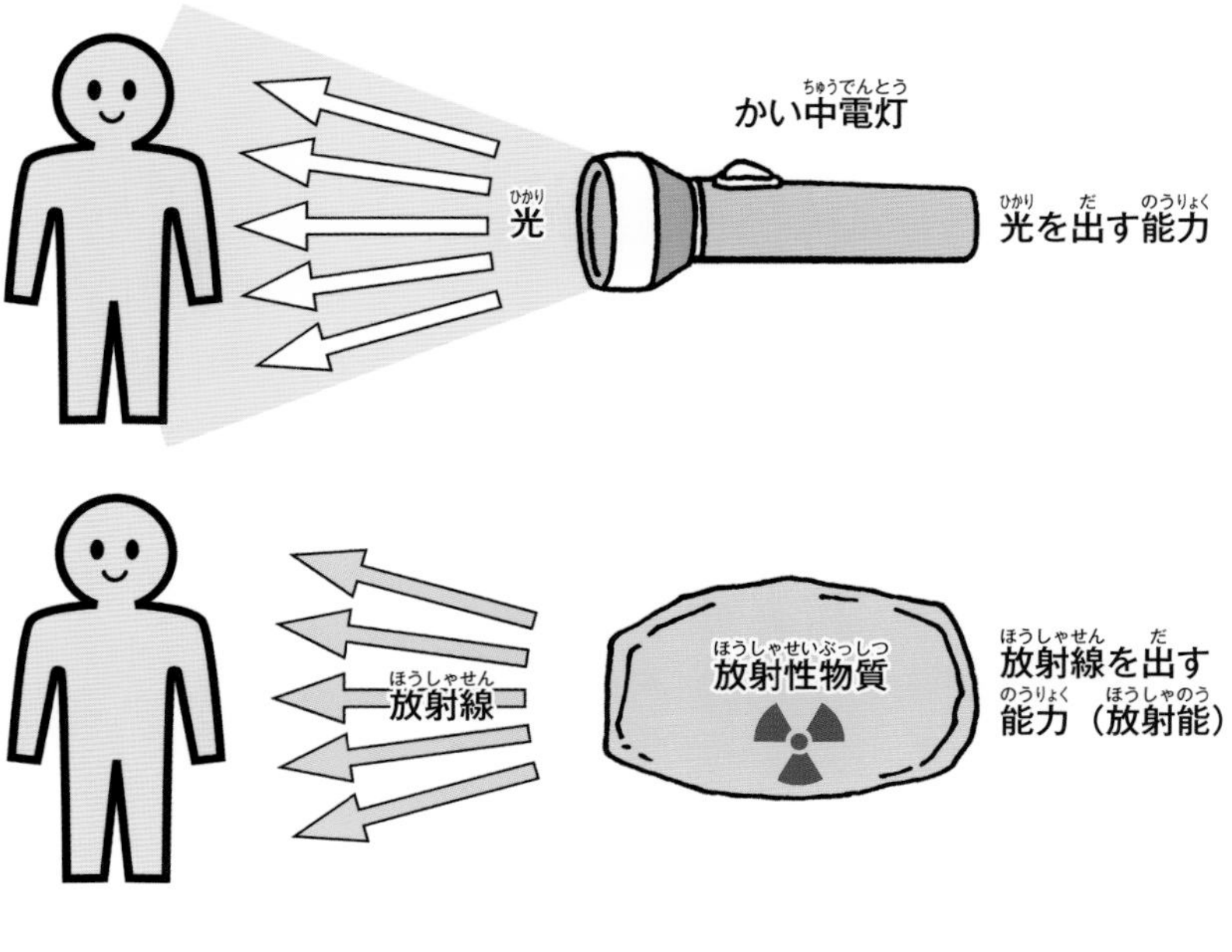

のことを「放射能」といいます。かい中電灯でたとえるなら、かい中電灯が放射性物質、光が放射線というわけですね。

放射性物質が放射線を出す能力、つまり放射能の強さを表すときに使われる単位が「ベクレル」です。一方、「シーベルト」というのは、人のからだが受けた放射線によるえいきょうの度合いを表す単位です。ベクレルは放射線を出す側から見た量、シーベルトは受け手側のえいきょうを表しているんですね。

放射性物質は、空気や岩石、食べ物の中などにもふくまれています。しかし、その量はほんのわずかで一年間で一人あたり、およそ二・四ミリシーベルトの放射線を浴びているといわれています。原子力発電所などで人工的につくられた放射性物質は、厳重に管理されていますが、予想外の事故などで大量に空気中や

自然に浴びる放射線（世界の平均）　1シーベルト＝1000ミリシーベルト

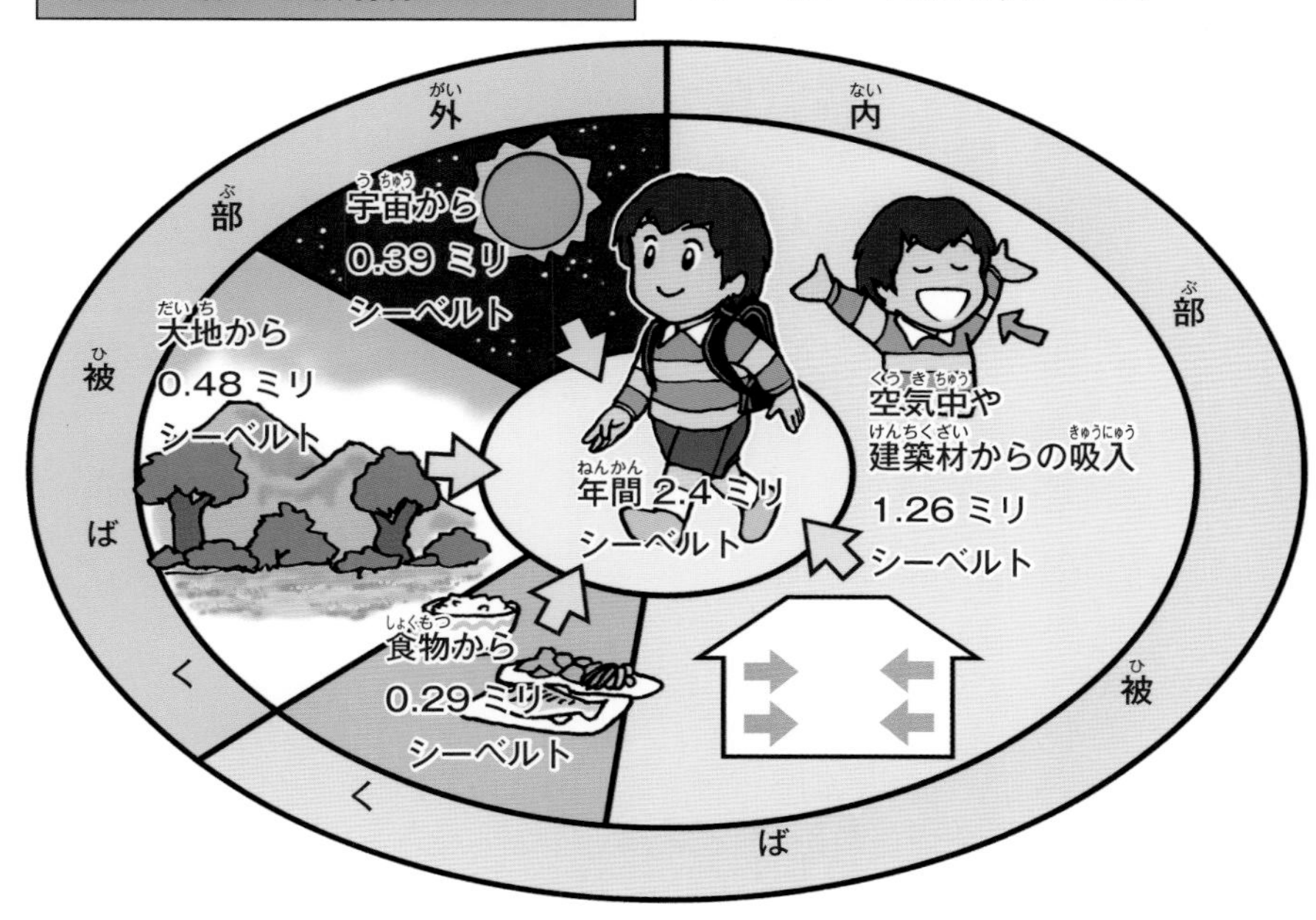

地面、水の中などにもれ出してしまうと、生物のからだに深刻なえいきょうをあたえてしまいます。たとえば、適度な日光浴はからだにえいきょうはありませんが、日光を浴びすぎると皮ふがやけどのようになってしまいますよね。放射線も受けた量によって、からだへのえいきょうはちがってくるのです。

天気予報は、どうやって予測するの？

明日の天気は晴れかな、雨かな。気温はどうだろう？

そんなときは、天気予報を見ますよね。だけど、どうして明日の天気や気温まで予測できるのでしょうか。天気を予測するには、まず、さまざまな決められた場所で、決められた時間に、決められた方法で気象を観測することが大切です。気温やしつ度、気圧や雨の量、風の速さや向きなどです。そのために気象台や測候所など、気象を専門に調べるし設が日本各地にあります。

たとえば「アメダス」って聞いたことがありませんか？　日本全国に約千三百

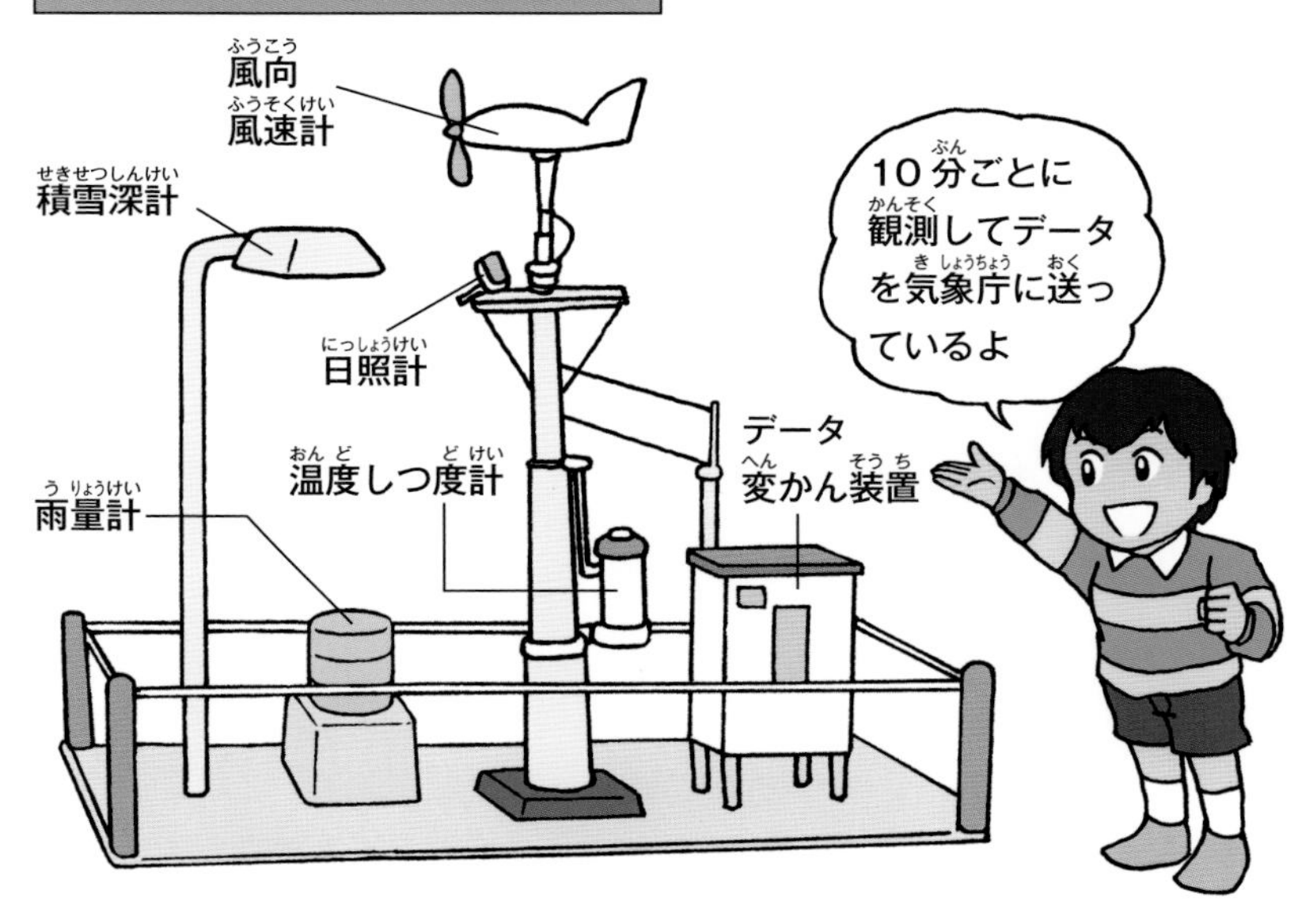

か所ある気象観測所で、気象データを集めて気象庁に送っています。観測装置には、雨量、風速、気温などを観測するロボット気象計や、山中で雨量だけを観測する無線ロボット雨量計などがあります。雪の多い地域では、雪の深さを観測している場所が約三百三十か所あります。

ほかに、「気象レーダー」で雨の降っている地域や雨量を観測したり、

「気象衛星ひまわり」が宇宙から雲や台風の動きなどを観測しています。また、気球に「ラジオゾンデ」という機械をつけて、毎日二回飛ばしています。そして、上空三十キロメートルくらいまでの高い場所の気温やしつ度、風の様子などを観測して、データを電波で地上に届けています。最近では「ウィンドプロファイラ」という機械で、十分おきに電波を空

に飛ばして、その電波のはね返り方で、上空最大十二キロメートルくらいまでの風の様子をくわしく観測しています。

　周りを海に囲まれている日本は特に、陸地だけでなく海水の温度や潮の流れを調べることも大切です。日本では二せきの海洋気象観測船を使って、海の表面から深い場所までの水温や塩分、潮の流れなどを観測しています。

　こうして集められたたくさんのデータは、まずスーパーコンピュータによって、気温や雨などの様子がどのように変わっていくのか計算されます。日本だけでなく、世界中の観測データをもとに計算されています。これを「数値予報」といいます。それをもとに予報官が、これから先の天気の移り変わりを考えて、各地域の天気予報を作成するのです。

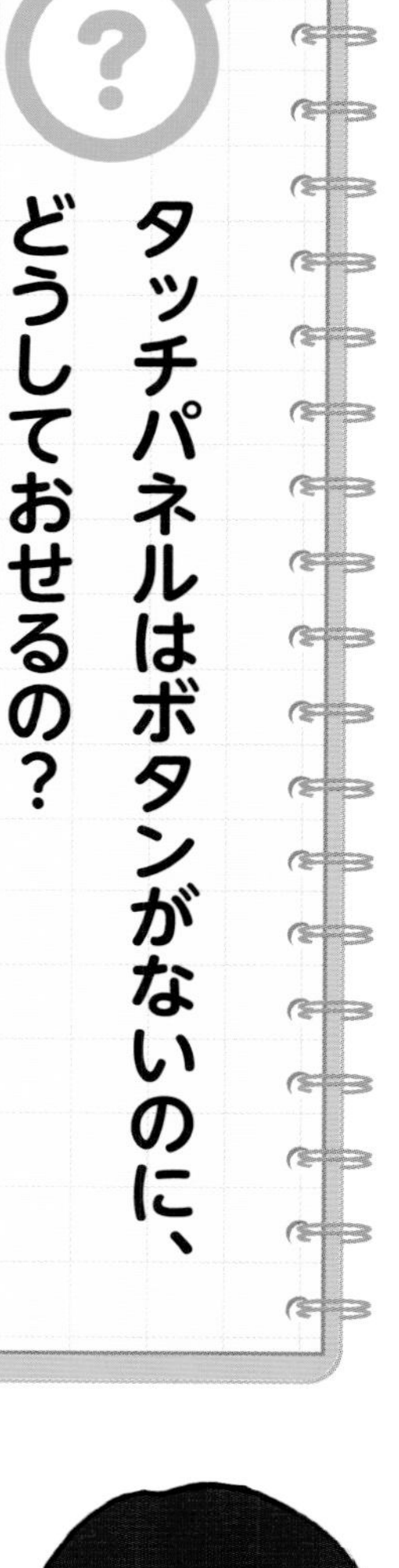

タッチパネルはボタンがないのに、どうしておせるの？

けい帯ゲーム機やスマートフォンの画面は、ボタンがないのに指やペンで、直接画面をさわって操作できます。駅の券売機も、画面をさわって切ぷを買うものがありますよね。このように画面を直接タッチすることで操作できる機械を「タッチパネル」とか、「タッチスクリーン」といいます。

決まった場所にボタンがあるものに比べて、表示された画面ごとに必要なだけボタンを出すことができますし、ボタンをおす以外にもいろいろな操作ができて便利ですよね。それに、画面とボタンとを分ける必要がないので、画面を大きく使えるというよい点もあります。

タッチパネルが操作できるしくみには、いくつかの方式がありますが、身のまわりでよく使われているのは「静電容量方式」と「ていこう膜方式（感圧式ともいう）」の二つです。

「静電容量方式」は、画面の上に、目に見えない、とても弱い電気の流れがあります。そこに指を近づけると、指のふれたところだけ電気の流れが変化します。その変化を機械が感じとって、画面のどこをさわったのかを判断しているのです。ですから電気

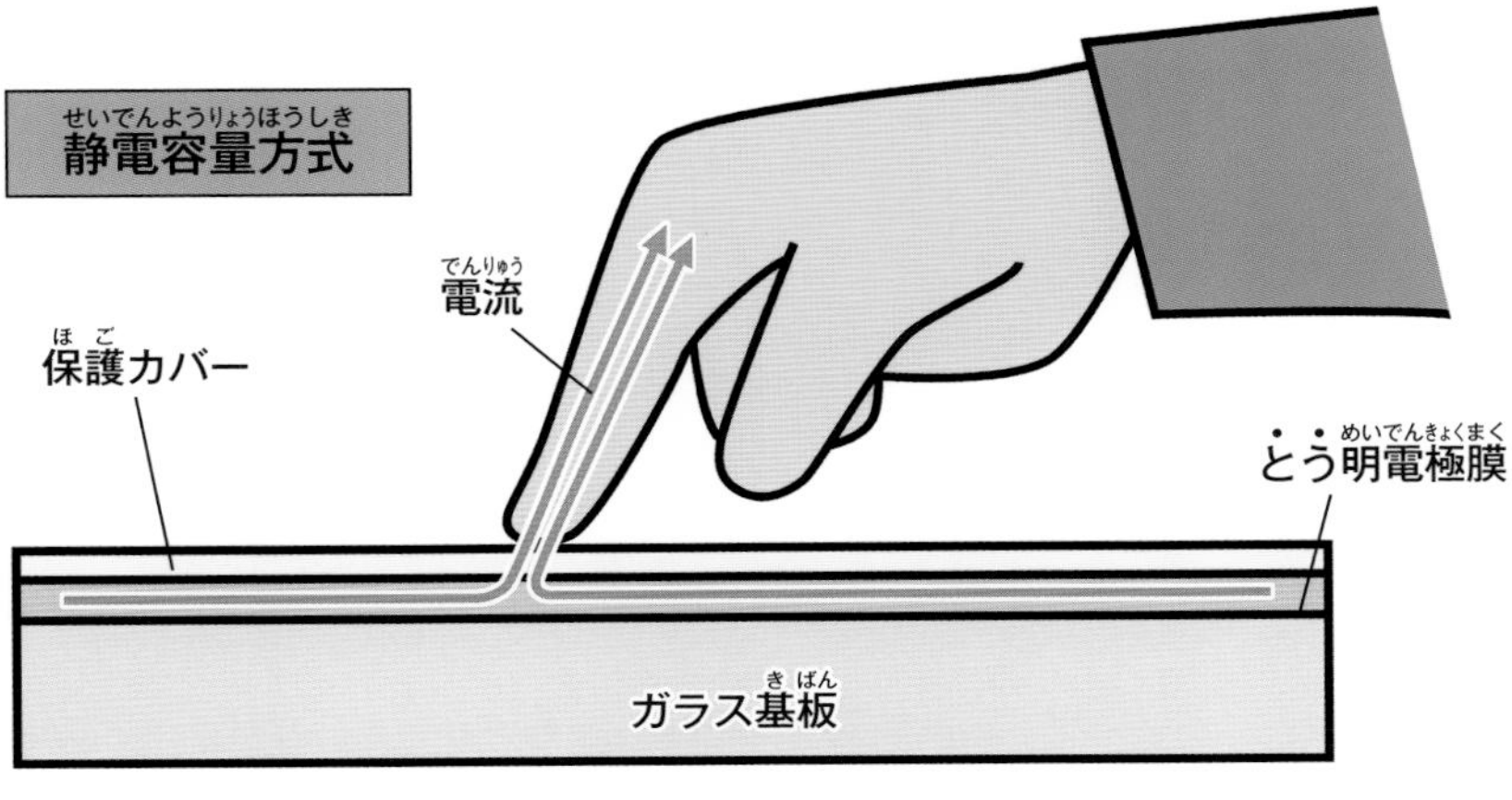

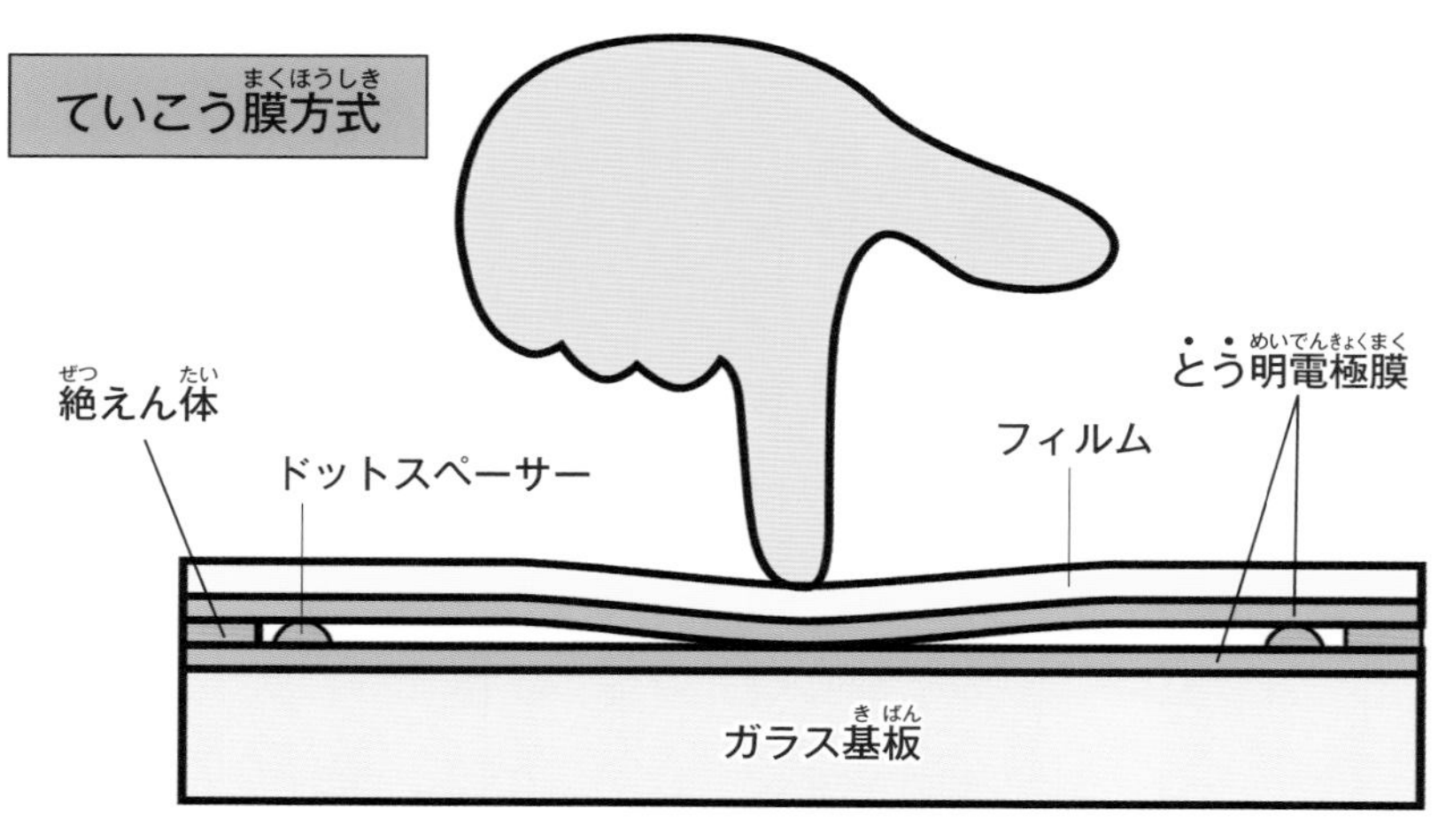

を通さない手ぶくろなどをしていると反応しません。
「ていこう膜方式」は、画面の上に電気を通すうすい膜が二枚重ねてはられています。重なった二枚の膜のあいだには、ほんの少しすき間があけられていて、ふだんはおたがいがふれ合わないようになっています。そこをペンや指でおすと、そこだけ膜がくっつきますよね。くっつくと、この二枚の膜のあいだに電気が流れます。すると機械が、流れた電気の場所を読み取って、画面のどこをさわったかを判断するのです。

化石って、どうやってできるの？

恐竜やアンモナイトなどの化石は、何千万年、何億年も昔にどんな生き物がいたかを知る大きな手がかりです。恐竜の骨や歯が、そのままのかたちで残っている化石が有名ですが、ほかにも恐竜のうんちや卵、足あとの化石などもあります。また、植物が化石となって残っているものもあり、葉っぱの筋がはっきりと見えたり、花粉が判別できるものまであります。

生物の死体などを土にうめても化石にはなりません。土の中にいるび・生物のはたらきで、死体はやがてくさって土になります。では化石は、どうやってできたのでしょうか。それには、いくつか条件があるのです。

たとえば、恐竜が死んだとき、雨や土砂で死体が流され、川や海の底などにしずんで、その上にどろや砂がたまっていったときなどです。死体の肉は、ほかの生き物に食べられたり、び・生物のはたらきでくさったりしても、かたい骨や歯などは残ります。そして水底のどろの中では、陸上の土の中に比べてび・生物のはたらきが弱いので、骨までくさらせることができません。やがて何百万年、何千万年という長い時間をかけて土砂がどんどん積み重なっていくうちに、積もった土砂の圧力がかかったり、骨の成分が石の成分に置きかえられたりしていきます。これが化石になるということなのです。

このように、いろいろな条件が重ならないと化石にならないので、むしろ化石

恐竜のからだが水底にしずむ

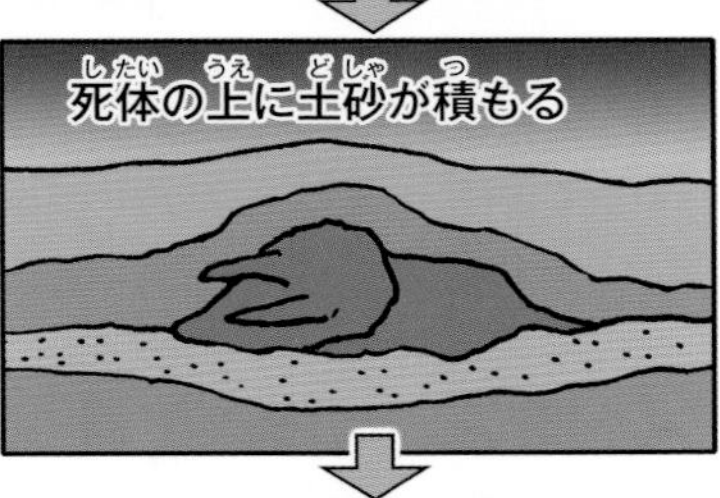

死体の上に土砂が積もる

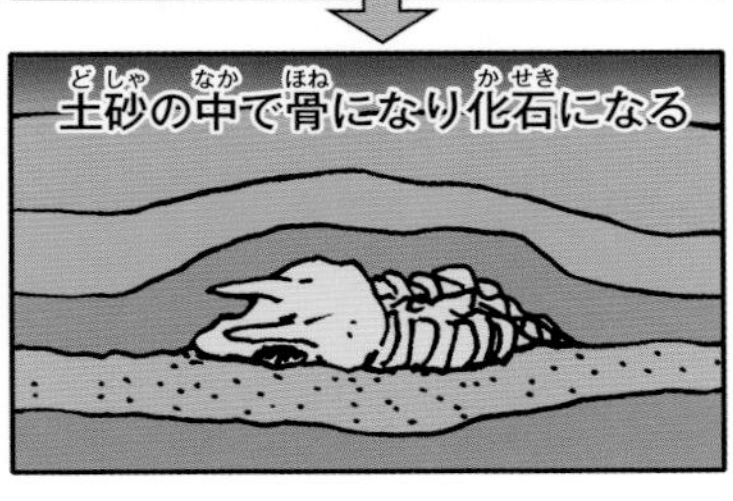

土砂の中で骨になり化石になる

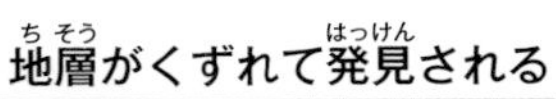

地層がくずれて発見される

になっていない生物のほうが圧とう的に多いはずです。図かんを見ると、今までに発見された化石などをもとに復元された恐竜や、大昔の生物のすがたをたくさん見ることができますが、ほかにも、もっともっと私たちの知らない恐竜がたくさんいたと思うと、なんだかわくわくしてきますね。

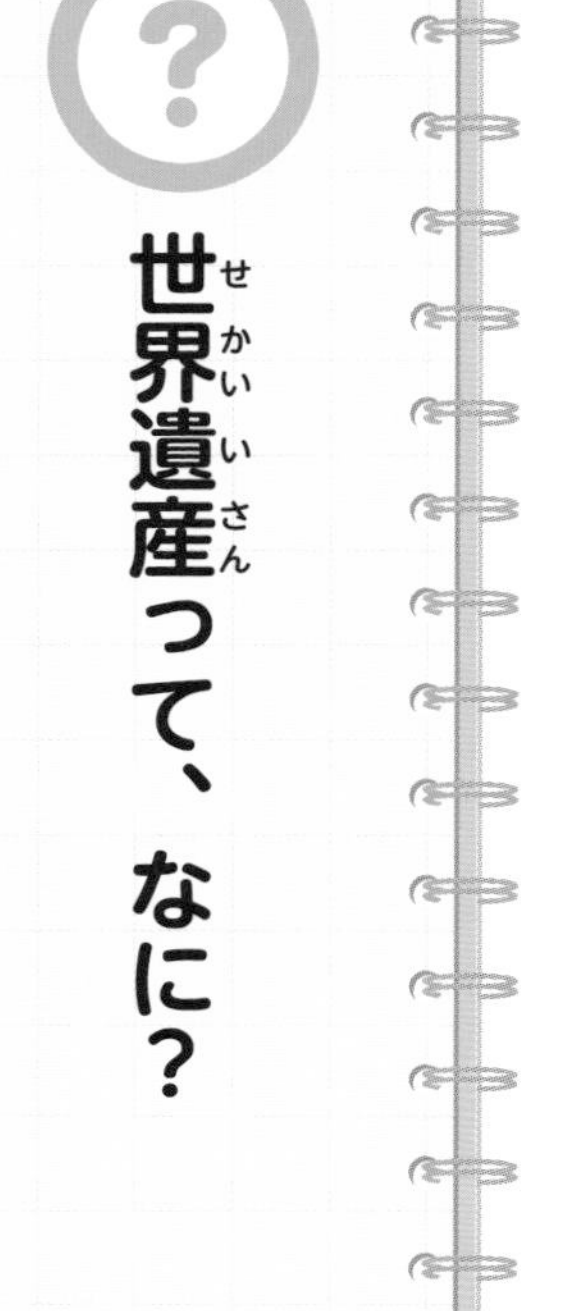

世界遺産って、なに？

世界にはさまざまな国があり、さまざまな文化や自然があります。各国の貴重な文明の遺せきや自然は、どこの国のものであっても、世界中のすべての人びとが共有し、未来に引きついでいくための「人類共通の宝物」なのです。その宝物を守るために、一九七二年に「世界遺産条約」という世界共通のルールがつくられました。そして、貴重な遺せきや自然を「世界遺産」と名づけて、保護しているのです。

世界遺産は、「文化遺産」「自然遺産」「複合遺産」の三つに分けられます。「文

化遺産」は、人類の歴史や文明、芸術などの足あとを示す遺せきや建造物、町並みなどです。「自然遺産」は、特ちょうのある地形や地質、自然環境、絶めつのおそれのある動植物がくらす地域などです。「複合遺産」というのは、文化遺産と自然遺産の両方の価値をもつものです。

世界遺産は、世界遺産委員会によって登録されます。登録されるた

パルテノン神殿（ギリシャ）

ピラミッドとスフィンクス（エジプト）

ガラパゴス諸島（エクアドル）

アンコール・ワット（カンボジア）

めには、まず登録したいものを各国でリストアップして、ユネスコの世界遺産センターに提出します。ユネスコというのは、文化や教育、科学などに関する国際的な機関で、正式には国際連合教育科学文化機関といいます。それから、世界遺産にふさわしいかどうかの話し合いや調査が専門の機関によって行われ、最終的には世界遺産委員会で決定されます。現在も毎年、世界遺産委員会による会議が開かれており、新しい世界遺産が誕生しています。

有名なもので、文化遺産ではエジプトのピラミッド、ギリシャのパルテノン神殿、フランスのベルサイユ宮殿、カンボジアのアンコール・ワット、中国の万里の長城などがあります。自然遺産ではオーストラリアのグレート・バリア・リーフ、エクアドルのガラパゴス諸島、ロシアのバイカル湖など。複合遺産では、

ペルーのマチュ・ピチュなどがあります。

日本では、岐阜県の白川郷や富山県の五箇山、兵庫県の姫路城、鹿児島県の屋久島、広島県の原爆ドームや厳島神社などが、世界遺産に登録されています。

大きくなったら、日本だけでなく世界中の世界遺産を、たくさん見にいってみたいですね。

●監修／荒俣　宏（作家、博物学者）
1947年、東京生まれ。博物学の本を中心に、世界中の本を収集し、生物学、歴史、妖怪などあらゆる分野の知識に長ける。世界のさまざまな「ふしぎなもの、びっくりするもの、すごいもの」を本や雑誌、テレビなどで広く紹介している。生物のなかでは、とくに海の生物を愛する。著書に『世界大博物図鑑』（平凡社）、『帝都物語』（角川書店）、『アラマタ大事典』『アラマタ生物事典』（講談社）など。

●本文指導
からだのふしぎ／橋本尚詞（東京慈恵会医科大学客員教授 特別URA）
動物のふしぎ／田村典子（森林総合研究所多摩森林科学園 研究専門員）
植物のふしぎ／可知直毅（東京都立大学 学長特任補佐）
こん虫のふしぎ／林　文男（東京都立大学理学研究科 客員研究員）
地球・宇宙のふしぎ／縣　秀彦（国立天文台天文情報センター 准教授）
身近なふしぎ／山村紳一郎（サイエンスライター・和光大学 非常勤講師）

●表紙イラスト／なお　みのり
●カバー・本文デザイン／デザインわとりえ（藤野尚実）
●本文イラスト／内山洋見、いずもり・よう、高橋正輝、ひろゆうこ、むさしのあつし
●企画／成美堂出版編集部
●編集／河合佐知子、園田千絵、泉田賢吾、小学館クリエイティブ（伊藤史織）
●協力／一般財団法人流通システム開発センター

※本書は、弊社から2012年に刊行された『10分で読めるわくわく科学　小学5・6年』の内容を一部修正のうえカラー化し、カバーと表紙を変更したものです。

カラー版 10分で読めるわくわく科学 小学5･6年

監　修　荒俣 宏（あらまた ひろし）
発行者　深見公子
発行所　成美堂出版
〒162-8445　東京都新宿区新小川町1-7
電話(03)5206-8151　FAX(03)5206-8159
印　刷　共同印刷株式会社

ISBN978-4-415-33380-9
落丁･乱丁などの不良本はお取り替えします
定価はカバーに表示してあります